新世纪高职高专
虚拟现实技术应用专业系列规划教材

VR 虚拟现实项目开发教程

微课版

主　编　谭恒松　葛茜倩
副主编　齐　红　赵　兴

- 中国电子质量管理协会虚拟现实专业委员会
- 工业和信息化人才培养工程VR培训推荐教材

大连理工大学出版社

图书在版编目(CIP)数据

虚拟现实项目开发教程 / 谭恒松，葛茜倩主编．--大连：大连理工大学出版社，2022.2
新世纪高职高专虚拟现实技术应用专业系列规划教材
ISBN 978-7-5685-3430-7

Ⅰ.①虚… Ⅱ.①谭…②葛… Ⅲ.①虚拟现实—程序设计—高等职业教育—教材 Ⅳ.① TP391.98

中国版本图书馆 CIP 数据核字 (2021) 第 252559 号

大连理工大学出版社出版
地址：大连市软件园路 80 号　邮政编码：116023
发行：0411-84708842　邮购：0411-84708943　传真：0411-84701466
E-mail：dutp@dutp.cn　URL：http://dutp.dlut.edu.cn
大连图腾彩色印刷有限公司印刷　　　大连理工大学出版社发行

幅面尺寸：185mm×260mm	印张：11.25	字数：288 千字
2022 年 2 月第 1 版		2022 年 2 月第 1 次印刷

责任编辑：李红　　　　　　　　　　　　　　责任校对：马双
　　　　　　　封面设计：张　莹

ISBN 978-7-5685-3430-7　　　　　　　　　　定　价：62.80 元

本书如有印装质量问题，请与我社发行部联系更换。

前言

《虚拟现实项目开发教程》是中国电子质量管理协会虚拟现实专业委员会工业和信息化人才培养工程 VR 培训推荐教材，也是新世纪高职高专教材编审委员会组编的虚拟现实技术应用专业系列规划教材之一。

VR 从 2016 年再次流行起来后，经过几年的发展，慢慢有了一定的应用市场。近几年，随着"元宇宙"概念的推出，VR 又再一次被大众所喜爱，相信在未来，VR 技术会越来越成熟，更好地服务于大众。

一、本书内容

本教材基于 HTC VIVE 的虚拟现实项目"月湖 VR 展馆"为教学主线，将项目分解成一个个简单的学习任务，循序渐进地介绍针对 HTC VIVE 设备在虚拟现实项目开发方面的相关知识，让读者能够独立开发出多个虚拟现实项目。在项目开发过程中，每个任务都设置了拓展任务，这是需要学生认真思考，去完成的课堂内容。

本教材从实战的角度出发，总共设计了 1 个大的学习项目、1 个随堂实训项目和 1 个实战训练项目。总体的设计思路是做中学和学中做，在跟着教程完成教学项目的同时，从搭建项目开始，随堂也完成一个实训项目，最后课程设计再完成一个实战项目，通过完成三个项目来学习虚拟现实项目的开发。

项目 1：主要让读者熟悉整个虚拟现实项目。

项目 2：主要让读者熟悉虚拟现实项目开发环境，包括 HTC 公司的 VIVE Pro 软、硬件的安装与配置，Unity 编辑器的安装。

项目 3：主要让读者熟悉虚拟现实项目开发的插件。

项目 4：主要讲解如何将场景资源加载进项目，对展馆进行布展，并搭建好 VR 项目运行环境，初步实现展馆漫游。

项目 5：主要实现添加背景音乐、播放视频、展品交互、讲解员交互、书卷交互、全景浏览和场景切换等功能。

项目 6：虚拟现实项目开发实战训练，读者需要选择一个项目进行开发。

二、本书特点

本教材在编写过程中,一直都将学生的参与纳入其中,试图以一个初学者的思考方式来完成教材的编写,本教材遵循学生的学习规律,以服务教学为宗旨,主要有以下几个特点:

1. 先进性与实用性。本教材的内容反映出最新的实用虚拟现实项目开发方法及技术,具有很强的先进性和实用性。

2. 适用性与实战性。本教材项目来自实际,但又有所取舍,难度适中,适合教学,在具有普适性的基础上注重拓展训练。同时,教学项目有较强的实战性,能培养学生的实际项目开发能力。

3. 重点突出、定位准确。本教材通过一个完整的大项目来讲解虚拟现实技术,重点突出、定位准确。

4. 资源立体化。本教材以立体化精品教材为构建目标,课程网站提供了微课视频、电子课件、素材、源代码等教学资源。

5. 融入课程思政内容。本教材将思政内容融入每一个项目,让学生在完成项目的同时,提升自己的职业素养。

三、如何使用

本书使用的 Unity 版本为 2019.4.29f1 版本,读者可以使用和本书一样的版本,也可以使用 Unity 官方提供的 2019 长期支持版的最新版本。

1. 教学资源

序号	资源名称	表现形式与内涵
1	课程标准	Word 电子文档,包含课程定位、课程目标要求、课程教学内容、学时分配等内容,可供教师备课时用
2	授课计划	Word 电子文档,是教师组织教学的实施计划表,包括具体的教学进程、授课内容、授课方式等
3	教学设计	Word 电子文档,是指导教师如何实施课堂教学的参考文档
4	PPT 课件	RAR 压缩文件,是提供给教师和学习者的教与学的课件,可直接使用
5	考核方案	Word 电子文档,对课程提出考核建议,指导教师如何考核课程
6	学习指南	Word 电子文档,提供学习的建议
7	学习视频	形式多样,有直接视频文件,也有参考网址
8	项目源码	RAR 压缩文件,包括本书所有项目的源码以及所有资源包
9	参考资源	Word 电子文档,提供其他的学习虚拟现实的资源,包括一些网络链接等

虽然本教材提供了所有项目的源代码,但也为每个学习任务配套了相应的拓展训练,学生需要主动思考、动手实践来完成这些任务,以拓宽知识面。

2. 课时安排

本教材设计 64 课时左右,需要多设置些课外时间,参考教学安排如下:

序号	教学内容	课时
1	项目1:熟悉虚拟现实项目	4
2	项目2:熟悉虚拟现实开项目发环境	4
3	项目3:熟悉虚拟现实项目开发插件	4
4	项目4:搭建虚拟现实项目场景	8
5	项目5:实现虚拟现实项目交互	20
6	项目6:参与虚拟现实项目实战训练	24
	合　计	64

如果课时比较充裕,可以增加项目 5 和项目 6 的时间,让学生将项目开发得更精细。特别是虚拟现实项目开发实战训练部分,尽量让学生利用课外时间来完成。

四、编写团队

本教材由浙江工商职业技术学院谭恒松、葛茜倩任主编,安庆职业技术学院齐红、陕西加速想象力教育科技有限公司赵兴任副主编。具体编写分工如下:谭恒松负责编写项目 2 和项目 4,葛茜倩负责编写项目 5,齐红负责编写项目 1 和项目 3,赵兴负责编写项目 6。全书由谭恒松负责统稿及制作微课资源。

本教材是新形态教材,充分利用现代化的教学手段和教学资源辅助教学,图文声像等多媒体并用。本书重点开发了课程网站(http://www.zjcourse.com/myvr/),提供与教材相关的所有资源微课资源,以短小精练的微视频透析教材中的重难点知识点,使学生充分利用现代二维码技术,随时、主动、反复学习相关内容。

由于时间和编者水平有限,书中不妥之处在所难免,希望广大读者批评指正。

编　者
2022 年 2 月

课程网站

目录

项目 1　熟悉虚拟现实项目 / 1

1.1　项目描述 ······· 1
1.2　我教你学 ······· 2
　　1.2.1　虚拟现实技术（VR） ······· 2
　　1.2.2　AR 与 MR ······· 6
1.3　你做我导 ······· 14
　　任务 1　熟悉项目 ······· 14
　　任务 2　熟悉虚拟现实项目开发流程 ······· 20
1.4　知识拓展 ······· 21
1.5　你做我评 ······· 21
1.6　项目小结 ······· 22

项目 2　熟悉虚拟现实项目开发环境 / 23

2.1　项目描述 ······· 23
2.2　我教你学 ······· 24
　　2.2.1　Unity ······· 24
　　2.2.2　HTC VIVE ······· 25
2.3　你做我导 ······· 30
　　任务 1　学习配置 Unity 开发环境 ······· 30
　　任务 2　学习使用 HTC VIVE Pro 设备 ······· 41

2.4 知识拓展 63
2.5 你做我评 64
2.6 项目小结 64

项目 3　熟悉虚拟现实项目开发插件 / 65

3.1 项目描述 65
3.2 我教你学 66
　3.2.1 SteamVR 66
　3.2.2 插件 66
3.3 你做我导 70
　任务 1 熟悉 SteamVR Plugin 插件 70
　任务 2 熟悉 VRTK 插件 74
3.4 知识拓展 76
3.5 你做我评 76
3.6 项目小结 79

项目 4　搭建虚拟现实项目场景 / 81

4.1 项目描述 81
4.2 我教你学 82
　4.2.1 场景 82
　4.2.2 资源 82
4.3 你做我导 83
　任务 1 场景搭建 83
　任务 2 展厅物品摆放 86
　任务 3 运行 VR 程序 92
4.4 知识拓展 98
4.5 你做我评 99
4.6 项目小结 103

项目 5　实现虚拟现实项目交互 / 105

- 5.1 项目描述 ··· 105
- 5.2 我教你学 ··· 106
  - 5.2.1 交互设计 ·· 106
  - 5.2.2 项目打包发布 ··· 106
- 5.3 你做我导 ··· 106
  - 任务1　音频和视频交互 ·· 106
  - 任务2　展品交互 ·· 111
  - 任务3　讲解员交互 ·· 116
  - 任务4　书卷交互 ·· 134
  - 任务5　全景浏览 ·· 139
  - 任务6　场景切换 ·· 145
  - 任务7　项目打包发布 ··· 156
- 5.4 知识拓展 ··· 161
- 5.5 你做我评 ··· 162
- 5.6 项目小结 ··· 162

项目 6　参与虚拟现实项目实战训练 / 163

- 6.1 项目描述 ··· 163
- 6.2 你做我导 ··· 164
  - 题目1　虚拟火灾逃生项目开发 ··· 164
  - 题目2　虚拟校园项目开发 ·· 165
  - 题目3　虚拟房地产项目开发 ··· 166
  - 题目4　虚拟切水果项目开发 ··· 167
  - 题目5　虚拟森林狩猎项目开发 ··· 168
- 6.3 项目小结 ··· 169

参考文献 ·· 170

本书微课资源列表

序号	微课名称	页码	序号	微课名称	页码
1	虚拟现实技术	2	18	为讲解员添加动画	117
2	月湖VR展馆项目浏览	14	19	为讲解员设置自动寻路	121
3	Unity介绍	24	20	实现讲解员跟随镜头	123
4	HTC VIVE介绍	25	21	实现讲解员讲解功能（上）	124
5	Unity安装	30	22	实现讲解员讲解功能（中）	130
6	SteamVR	66	23	实现讲解员讲解功能（下）	132
7	插件介绍	66	24	将书卷布局到场景中	133
8	SteamVR Plugin插件	70	25	实现书卷交互（上）	134
9	VRTK插件	74	26	实现书卷交互（下）	136
10	场景	82	27	创建全景图片浏览场景	140
11	资源	82	28	实现全景图片浏览（上）	140
12	场景搭建	83	29	实现全景图片浏览（下）	142
13	展厅物品摆放	86	30	LakeVR场景的按钮控制	145
14	VR运行场景搭建	92	31	Museum场景的场景跳转控制（上）	149
15	设置背景音乐	107	32	Museum场景的场景跳转控制（下）	152
16	添加视频文件	109	33	项目打包发布	157
17	展品交互	112	34	项目实战	164

项目 1 熟悉虚拟现实项目

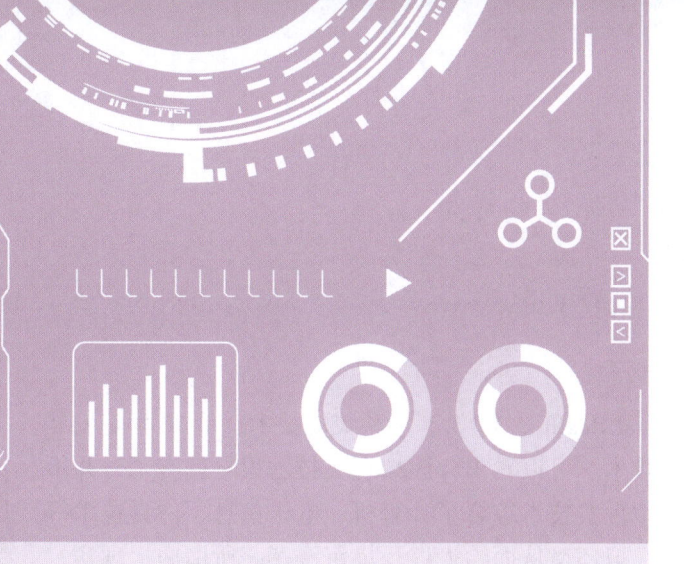

1.1 项目描述

本教程以一个名为"月湖 VR 展馆"的项目为教学案例,从虚拟现实项目的场景搭建开始,逐步实现展厅物品摆放、音频交互、视频交互、展品交互、讲解员交互、书卷交互和场景切换。

本项目主要让读者熟悉"月湖 VR 展馆"整个项目,知道学完整本书后,能完成怎样的项目。同时,通过了解虚拟现实项目的开发流程,为今后开发虚拟现实项目打下坚实的基础。

知识目标

1. 熟悉虚拟现实技术概念。
2. 熟悉虚拟现实技术的应用场景。
3. 了解 VR、AR 和 MR 的概念。
4. 熟悉虚拟现实项目开发流程。

能力目标

1. 能识别 VR、AR 和 MR。
2. 能制订虚拟现实项目开发计划。

课程思政目标

1. 培养严谨的工作态度。
2. 培养探索精神。

1.2 我教你学

1.2.1 虚拟现实技术（VR）

1. 虚拟现实技术的概念

虚拟现实技术（Virtual Reality，VR），又称灵境技术，是 20 世纪发展起来的一项全新的实用技术。可以看出，虚拟现实技术很早就有了，并不是现在才发展起来。虚拟现实技术综合了计算机、电子信息、仿真技术等技术，利用计算机模拟虚拟环境从而给人以环境沉浸感。所谓虚拟现实，顾名思义，就是虚拟和现实相互结合。从理论上来讲，虚拟现实技术（VR）是一种可以创建和体验虚拟世界的计算机仿真系统，它利用计算机生成一种模拟环境，使用户沉浸到该环境中。虚拟现实技术就是利用现实生活中的数据，通过计算机技术产生的电子信号，将其与各种输出设备结合使其转化为能够让人们感受到的现象，这些现象可以是现实中真真切切的物体，也可以是我们肉眼所看不到的物质，通过三维模型表现出来。因为这些现象不是我们能直接看到的，而是通过计算机技术模拟出来的现实中的世界，所以称为虚拟现实。

虚拟现实技术受到了越来越多人的认可，用户可以在虚拟现实世界体验到最真实的感受，其模拟环境的真实性与现实世界难辨真假，让人有一种身临其境的感觉。随着各项技术的不断发展，各行各业对 VR 技术的需求日益旺盛。特别是 2016 年，VR 技术发展迅猛，取得了巨大进步，并逐步成为一个新的科学技术领域。"元宇宙"的概念中，VR 占了很大一部分，说明 VR 技术在未来也将占有很重要的地位。

2. 虚拟现实技术的发展史

虚拟现实的发展历史总共可以分为四个阶段：

（1）第一阶段（1963 年以前）：蕴含虚拟现实思想的阶段

这一阶段的代表作就是 1929 年 Edward Link 设计出的用于训练飞行员的模拟器以及 1956 年 Morton Heilig 开发的多通道仿真体验系统 Sensorama。

（2）第二阶段（1963—1972）：萌芽阶段

1965 年，Ivan Sutherland 发表论文"UltimateDisplay"（终极的显示）；1968 年，Ivan Sutherland 研制成功了带跟踪器的头盔式立体显示器（HMD）；1972 年，NolanBushell 开发出第一个交互式电子游戏 *Pong*。

（3）第三阶段（1973—1989）：初步形成阶段

1977 年，Dan Sandin 等人研制出数据手套 SayreGlove；1984 年，NASA AMES 研究中心开发出用于火星探测的虚拟环境视觉显示器；1984 年，VPL 公司的 JaronLanier 首次提出"虚拟现实"的概念；1987 年，JimHumphries 设计了双目全方位监视器（BOOM）的原型。

（4）第四阶段（1990 年至今）：完善和应用阶段

从 1990 年开始，相继有公司推出 VR 设备，特别是近几年，随着 Oculus、HTC、索尼等一线大厂多年的付出与努力，VR产品拥有更亲民的设备定价、更强大的内容体验与交互手段，辅以强大的资本支持与市场需求，整个VR行业正式进入内容爆发成长期。

3. 虚拟现实技术的特征

（1）沉浸性

沉浸性是虚拟现实技术最主要的特征，就是让用户成为并感受到自己是计算机系统所创造环境中的一部分，虚拟现实技术的沉浸性取决于用户的感知系统，当使用者感知到虚拟世界的刺激时，包括触觉、味觉、嗅觉、运动感知等，便会产生思维共鸣，造成心理沉浸，感觉如同进入真实世界。

（2）交互性

交互性是指用户对模拟环境内物体的可操作程度和从环境得到反馈的自然程度，使用者进入虚拟空间，相应的技术让使用者跟环境产生相互作用，当使用者进行某种操作时，周围的环境也会做出某种反应。如使用者接触到虚拟空间中的物体，那么使用者手上应该能够感受到，若使用者对物体有所动作，则物体的位置和状态也应改变。

（3）多感知性

多感知性表示计算机技术应该拥有很多感知方式，比如听觉，触觉、嗅觉等。理想的虚拟现实技术应该具有一切人所具有的感知功能。由于相关技术，特别是传感技术的限制，目前大多数虚拟现实技术所具有的感知功能仅限于视觉、听觉、触觉、运动等几种。

（4）构想性

构想性也称想象性，使用者在虚拟空间中，可以与周围物体进行互动，可以拓宽认知范围，创造客观世界不存在的场景或不可能发生的环境。构想可以理解为使用者进入虚拟空间，根据自己的感觉与认知能力吸收知识，发散拓宽思维，创立新的概念和环境。

（5）自主性

自主性是指虚拟环境中物体依据物理定律动作的程度。如当受到力的推动时，物体会向力的方向移动、翻倒或从桌面落到地面等。

4. 虚拟现实技术的应用情况

（1）游戏方面的应用

现在，只要带上虚拟现实头盔，就可以让你进入一个可交互的虚拟现场场景中，在虚拟的场景中玩家可以体验如打史前怪兽等刺激游戏。有部电影叫《头号玩家》，就是讲未来虚拟现实游戏的应用。在STEAM平台上，已经有非常多的VR游戏。如图1-1所示。

（2）教育方面的应用

虚拟现实技术能够将抽象的或者现实中不存在的东西直观地呈现在人们面前，这使得虚拟现实技术在教育方面的应用非常广泛。VR的交互环境、再现能力以及一对一的实践，可以提高学生的学习兴趣。通过VR技术能够将学生学习中一些困难的概念可视化，如原子的结构等，从而降低学习知识的难度。如图1-2所示，在VR中模拟太空，让学生更直观地观察太空。

图 1-1　Steam 上的虚拟现实游戏

图 1-2　在 VR 中模拟太空星系

（3）医学方面的应用

VR 在医学方面的应用具有十分重要的现实意义。在虚拟环境中，可以建立虚拟的人体模型，借助跟踪球、HMD、感觉手套，学生可以很容易地了解人体内部各器官结构，非常直观，也提高了学生的学习兴趣。虚拟现实技术还能应用于各种疾病的治疗，如图 1-3 所示，通过 VR 技术来治疗老年人的中风。

（4）军事方面的应用

由于虚拟现实的立体感和真实感，在军事方面，人们将地图上的山

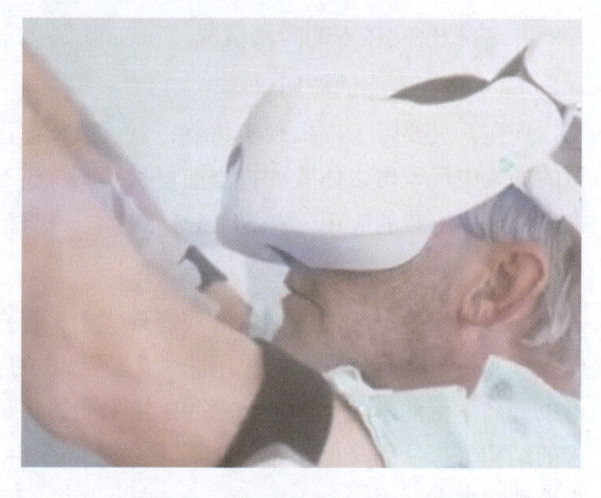

图 1-3　利用 VR 治疗老年人中风

川地貌、海洋湖泊等数据通过计算机进行编写，利用虚拟现实技术，能将原本平面的地图变成一幅三维立体的地形图，再通过全息技术将其投影出来，这更有助于进行军事演习等训练。如图1-4所示，利用VR技术进行军事训练。

图1-4　VR军事训练

（5）在设计领域的应用

虚拟现实技术在设计领域也有很多应用，例如室内设计方面，人们可以利用虚拟现实技术把室内结构、房屋外形通过虚拟技术表现出来，使之变成可以看得见的物体和环境。同时，在设计初期，设计师可以将自己的想法通过虚拟现实技术模拟出来，可以在虚拟环境中预先看到室内的实际效果，这样既节省了时间，又降低了成本。如图1-5所示，通过VR技术来完成室内设计。

图1-5　VR室内设计

（6）在影视广告方面的应用

VR 技术在影视作品中的主要应用是营造逼真的场景，让电影的拍摄更有选择余地，使电影情节更为刺激。同样，现在很多广告也引入了 VR 技术，让广告显得更加有趣，更能吸引消费者。如图 1-6 所示，电影《阿凡达 3》采用 VR 技术来进行拍摄，使画面更加精美、有立体感。

图 1-6 VR 技术在电影中的应用

1.2.2 AR 与 MR

1. AR

增强现实（Augmented Reality，AR）技术是一种将真实世界信息和虚拟世界信息"无缝"集成的新技术，将展现出来的虚拟信息叠加在现实事物上，相当于是真实世界和数字化信息的结合，特点是虚实结合和实时交互。

目前基于 AR 原理的不同大致分为：

（1）基于标记的增强现实

这里的标记一般使用提前定义好的图案，通过手机、平板电脑的摄像头进行识别，识别后会自动触发（预设好的）虚拟的物体，使之在屏幕上呈现。

（2）基于地理位置服务（LBS）的增强现实

基于 LBS 的增强现实一般使用嵌入在手机等智能设备中的 GPS、电子罗盘、加速度计等传感器来提供位置数据。它最常用于地图类应用，比如你打开手机应用，开启摄像头对着街道拍照，屏幕上可以显示附近的商家名称、评价等信息。

（3）基于投影的增强现实

基于投影的增强现实直接将信息投影到真实物体的表面来呈现信息。举个例子，将手机的拨号键投影到手上，实现隔空打电话。

增强现实技术是对现实场景进行补充，但不完全取代现实场景，通过这样的虚实融合来增强用户对真实环境的理解和感受，以此来达到"增强"的效果，使用者不仅能够通过虚拟现实系统感受到在客观世界中所经历的事物，而且能够突破空间、时间及其他限制，感受到在真实世界中无法亲身经历的体验。相信不久之后，AR（增强现实）技术会为我们带来更多惊喜。

随着 AR 技术的成熟，AR 越来越多地应用于各个行业，如教育、培训、医疗、设计、广告等。

（1）教育

在教育中 AR 也发挥着越来越多的作用，如针对一些机械操作，通过 AR 技术能够让学生快速掌握操作步骤，如图 1-7 所示。

图 1-7　AR 教育

（2）健康医疗

如图 1-8 所示，AR 技术越来越多地被应用于医学教育、病患分析及临床治疗中。在医疗教学中，AR 与 VR 的技术能将深奥难懂的医学理论变得形象立体、浅显易懂，大大提高了教学效率和质量。

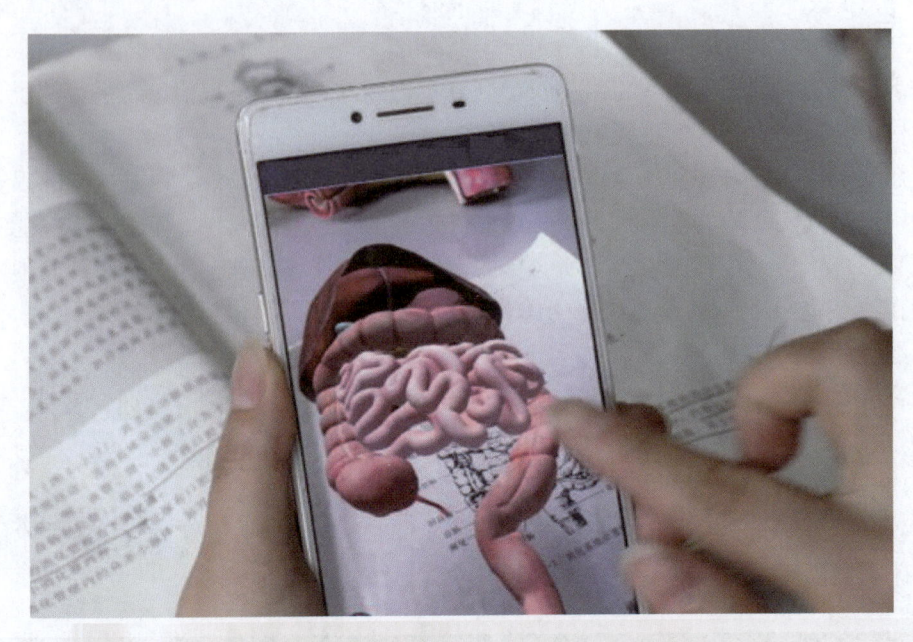

图 1-8　AR 在健康医疗方面的应用场景

（3）广告购物

AR 技术可帮助消费者在购物时更直观地判断某商品是否适合自己，以做出更满意的选择。如图 1-9 所示，用户通过 AR 技术直观地看到不同的家具放置在家中的效果，从而方便用户进行家具选择。

图 1-9　AR 购物场景

（4）展品展示

AR 技术被大量应用于博物馆对展品的介绍说明中，该技术通过在展品上叠加虚拟文字、图片、视频等信息为游客提供展品介绍。如图 1-10 所示，通过 AR 技术还原恐龙的生活场景，让参观者能更直观地了解恐龙知识。

图 1-10　AR 展品展示

（5）工业设计

AR 增强现实技术已经成为工业工厂数字化和生产流水线智能化的重要应用手段，通过 AR 技术来实现对工业产品的优化设计，通过虚拟装配可以避免和减少实体模型的制作，缩短开发周期，降低成本。如图 1-11 所示，就是将 AR 技术应用在工业中。

图 1-11　AR 技术在工业中的应用

2. MR

MR，就是人们常说的"混合现实"（Mixed Reality），包括增强现实和增强虚拟，能和现实世界进行交互和及时获取信息，相当于是真实世界、虚拟世界和数字化信息三者的结合。混合现实是虚拟现实技术的进一步发展，该技术通过在虚拟环境中引入现实场景信息，在虚拟世界、现实世界和用户之间搭起一个交互反馈的信息回路，以增强用户体验的真实感。

MR技术现在发展非常迅速，广泛应用于工业、教育、娱乐、地产、医疗等行业，并在营销、运营、物流、服务等多个环节得到充分应用。混合现实涵盖了增强现实（AR）技术的范围，与人工智能（AI）和量子计算（QC）被认为是三大未来将显著提高生产率和体验的科技。随着科技的飞速发展，特别是5G技术的普遍应用，各行各业都将大规模应用MR技术。

微软公司在2015年1月发布了一款智能眼镜Hololens，可以完全独立使用，无须线缆连接、无须同步电脑或智能手机，如图1-12所示。它采用先进的传感器、高清晰度3D光学头置式全角度透镜显示器以及环绕音效。它允许在增强现实中用户界面可以与用户透过语音和手势等进行交流。

图1-12　Hololens眼镜

Hololens 2是微软公司研发的新一代混合现实头显，如图1-13所示。经过改进的锁扣装置不仅能使佩戴变得更加简单，也大幅度地加强了舒适度。根据微软的介绍，为了能够覆盖更多不同头颅形状的人群，微软通过扫描上千人的头部来帮助进行HoloLens 2的佩戴优化。结合轻质碳纤维材料以及全面的轻量化设计，所得出的结果就是三倍优于初代的佩戴舒适感。

Hololens 2让用户可以保持平视，长时间解放双手，进而获得更加舒适的使用体验，确保安全无误地完成任务。通过Hololens 2，用户可以与远程同事建立联系，通过全息图实现协作，以便实时解决问题。Hololens 2通过手动跟踪、内置语音命令、眼动跟踪、空间映射和开阔视野，确保安全无误地完成任务。以自然的方式完全契合手部移动，准确进行手动跟踪、触摸、抓握和移动全息图。HoloLens 2 可以适配双手，让全息图可以像实物一样做出反应。表 1-1 列出了 HoloLens 2 官网给出的技术规格。

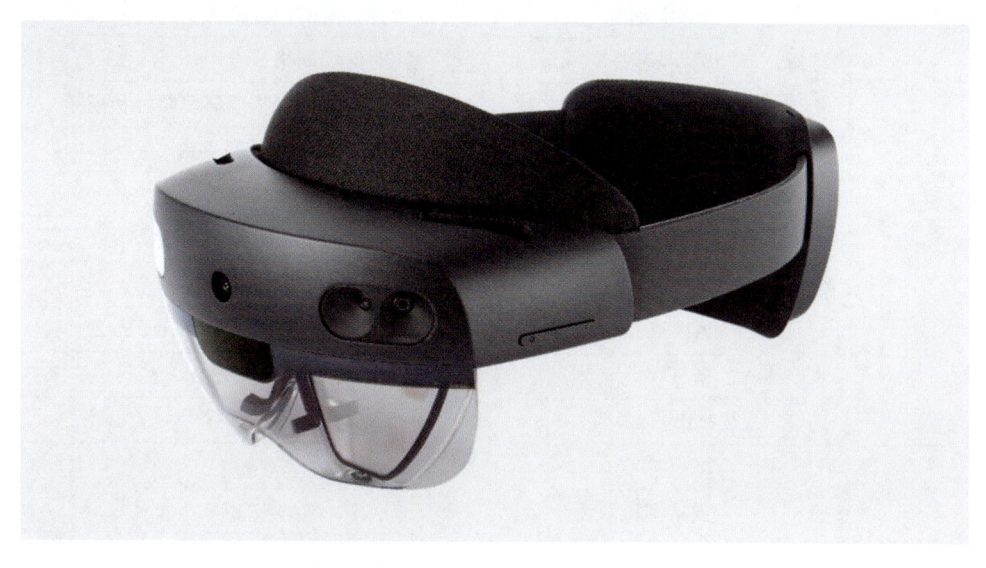

图 1-13　HoloLens 2 眼镜

表 1-1　HoloLens 2 技术规格

序号	内容	参数	详情
1	显示器	光学	透明全息透镜（波导）
		分辨率	2k 3∶2 光引擎
		全息密度	>2.5k 辐射点（每个弧度的光点）
		基于眼睛位置的呈现	基于眼睛位置的 3D 显示优化
2	传感器	头部追踪	4 台可见光摄像机
		眼动追踪	2 台红外摄像机
		深度	1-MP 飞行时间（ToF）深度传感器
		IMU	加速度计、陀螺仪、磁强计
		相机	8MP 静止图像，1080p30 视频
3	音频和语音	麦克风阵列	5 声道
		扬声器	内置空间音响
4	人类理解力	手动追踪	双手完全铰接模型，直接操作
		眼动追踪	实时追踪
		语音	设备上的命令和控制，具有互联网连接的自然语言
		Windows Hello	具有虹膜识别功能的企业级安全性

（续表）

序号	内容	参数	详情
5	环境理解	6DoF 追踪	世界范围的位置追踪
		空间映射	实时环境网格
		混合现实捕获	混合全息图和物理环境照片和视频
6	计算和连接	SoC	高通骁龙 850 计算平台
		HPU	第 2 代定制全息处理单元
		内存	4 GB LPDDR4x 系统 DRAM
		存储	64 GB UFS 2.1
		Wi-Fi	Wi-Fi：Wi-Fi 5（802.11ac 2x2）
		蓝牙	5
		USB	USB C 型
7	适合	单尺寸	是
		支持佩戴眼镜	是
		质量	566 克
8	软件	Windows Holographic 操作系统	
		Microsoft Edge	
		Dynamics 365 Remote Assist	
		Dynamics 365 Guides	
		3D 查看器	
9	电源	电池使用时间	有效使用 2~3 小时
		充电	USB-PD 快速充电
		散热	被动式（无风扇）
		含锂电池	

　　MR 技术已经应用在许多方面了，如可以通过 MR 技术，远程指导员工进行机器设备的操作，如图 1-14 所示。也可以通过 MR 技术来讲解复杂的各类结构，将其立体化，如图 1-15 所示。

图 1-14 远程指导

图 1-15 复杂结构立体化

1.3 你做我导

任务 1　熟悉项目

任务导入

Unity 开发的 VR 项目一般只需要运行其生成的后缀名为 exe 的运行程序即可，通过双击就能够开始运行。

任务分析

本任务主要是运行"月湖 VR 展馆"这个项目，让读者了解本教程将要开发的项目运行效果，通过运行项目，可以知道自己有哪些需要学习的知识点。

任务实施

步骤❶　如图 1-16 所示，进入系统后，用户进入一个虚拟现实展馆，旁边有一名虚拟导游，将协助用户对整个月湖 VR 展馆进行游览。

微课

月湖 VR 展馆项目浏览

图 1-16　进入项目

步骤❷ 如图 1-17 所示，进入第一个展厅，将看到月湖 VR 展馆的 LOGO 墙和三个不同时期月湖变迁的展示图片，方便用户了解月湖的历史。

图 1-17 第一个展厅

步骤❸ 第二个展厅展示了史浩故居的图片和月湖的一个视频，如图 1-18 所示。图 1-19 是虚拟导游在讲解史浩故居，图 1-20 展示水则碑的照片。

图 1-18 第二个展厅

图 1-19　导游讲解史浩故居

图 1-20　水则碑照片展示

步骤❹ 进入第三个展厅，该展厅是主展厅，如图 1-21 所示，虚拟导游在讲解银台第。图 1-22 展示第三展厅的一面墙，用来展示月湖的全景，图 1-23 用来展示展品。

图 1-21　导游讲解银台第

图 1-22　第三个展厅

图 1-23 展品展示

步骤 ❺ 进入第四展厅，如图 1-24 所示，虚拟导游在讲解宝奎巷。图 1-25 展示的是一扇门，通过这扇门，我们可以进入第二个场景。

图 1-24 导游讲解宝奎巷

图 1-25 门

步骤⑥ 进入第二个场景,在该场景中通过一个月湖的全景图片来展示月湖,如图1-26所示。

图 1-26 第二个场景

任务 2 熟悉虚拟现实项目开发流程

任务导入

开发一个虚拟现实项目和开发一般的软件项目类似,先要做好需求分析,根据需求分析的结果来一步步开发整个项目。但虚拟现实项目有自己独特的地方,虚拟现实项目一般离不开三维模型,需要对三维模型进行处理。

任务分析

本任务主要讲解虚拟现实项目的开发流程,让读者熟悉基本开发流程,明白每一步将要开展的工作。

任务实施

步骤❶ 系统设计与资料的收集和整理。

与项目的投资方进行沟通,明确具体的需求并进行系统设计。收集与整理相关的资源素材,包括模型、音频、视频、图片、文字等。

步骤❷ 制作三维模型。

使用 3ds Max、Maya、Blender、zBrush 等建模软件进行三维模型的建立,也可以通过 3D 扫描、照片建模等方式进行建模。模型还需要进行贴图等操作,使模型更加真实。

在 Unity 中有一个 PBR(Physically Based Rendering,基于物理的渲染)技术,能够对光和材质之间的行为进行更加真实的建模,使模型看起来更逼真。

步骤❸ 使用 VR 项目开发软件来实现交互。

模型完成后,将各种资源导入 VR 项目开发软件,如 Unity,然后在 VR 项目开发软件中来实现各种交互工作。

步骤❹ 测试与优化。

对项目的性能进行分析,对帧率、内存等指标进行衡量,对占用资源比较多的位置进行定位,对整个项目进行测试优化。

步骤❺ 发布应用程序。

经过测试和优化后,就可以发布应用程序了。

步骤❻ 交付验收使用并结项。

将项目交付给用户使用,用户在使用后进行项目验收。后续还涉及项目的维护工作。

1.4 知识拓展

XR（Extended Reality，扩展现实）是指通过计算机技术和可穿戴设备产生的一个真实与虚拟组合、可人机交互的环境，是 AR、VR、MR 等多种形式的统称。三者视觉交互技术融合，实现虚拟世界与现实世界之间无缝转换的"沉浸感"体验。

短片《只为梦中与你相遇》就是把 XR 工作流程与影视行业的工作流程相结合，实现了最终短片的输出。短片现场无实景、无绿幕，实时渲染场景，而演员在 LED 屏幕所构建的空间中进行表演。在场景渲染上，XR 技术使用实时渲染引擎搭建拍摄场景，通过媒体服务器输出合成，运用摄像机追踪系统定位空间位置信息，实时映射人物与场景的空间关系，实时渲染技术将照片级别的动态数字场景在 LED 屏幕上还原，实时呈现并输出一个无死角的虚拟场景，最终形成具有 XR 场景的短片。如图 1-27 所示为电影场景。

图 1-27　电影场景

1.5 你做我评

1. 收集 VR、AR、MR 和 XR 的案例视频。
2. 撰写一篇关于 VR、AR、MR 和 XR 的科普小文章，1 000 字左右。

1.6 项目小结

通过两个任务的学习，学习者熟悉了本书要完成的任务，熟悉了虚拟现实项目开发的流程，并对 VR、AR、MR 几个概念有了充分的认识。

习题

1. 简述 VR 的特征。
2. 列出 VR 与 AR 的不同点。
3. 简述虚拟现实项目开发的流程。
4. 列举几个 VR 的应用实例。

项目 2 熟悉虚拟现实项目开发环境

2.1 项目描述

虚拟现实项目的开发离不开配套的开发环境,我们一般需要通过一个软件来开发虚拟现实内容,然后通过一个硬件来展示。这里,我们通过 Unity 这个实时内容开发平台来开发虚拟现实项目,然后通过 HTC 公司的 VIVE Pro 将开发的项目展现出来。

本项目主要讲解 Unity 平台的下载与安装,以及 HTC VIVE Pro 的软、硬件安装。通过本项目的学习,我们将搭建好虚拟现实项目开发的环境。

知识目标

- 1. 熟悉 Unity 平台的发展史。
- 2. 熟悉 Unity 平台的下载和安装方法。
- 3. 熟悉 HTC VIVE Pro 的各种参数。
- 4. 熟悉 HTC VIVE Pro 的软、硬件安装方法。

能力目标

- 1. 能下载和安装 Unity 平台软件。
- 2. 能使用 Unity 平台软件创建工程项目。
- 3. 能安装 HTC VIVE Pro 硬件。
- 4. 能安装 HTC VIVE Pro 软件。

课程思政目标

- 1. 培养信息处理的能力。
- 2. 培养独立完成任务的能力。

2.2 我教你学

2.2.1 Unity

Unity 是由 Unity Technologies 公司开发的实时内容开发平台，Unity 平台提供一整套完善的软件解决方案，可用于创作、运营和变现任何实时互动的 2D 和 3D 内容，支持平台包括手机、平板电脑、PC、游戏主机、增强现实和虚拟现实设备。通过 3D 模型、图形、视频、声音等相关资源的导入，借助 Unity 场景构建模块，用户可以轻松实现对虚拟世界的创建。

微课

Unity 介绍

Unity 打造了一个完美的生态开发链，它拥有自己的资源商店，用户可以在上面分享与下载各种资源。Unity 资源商店可以从 Unity 中国官网进入，如图 2-1 所示，进入 Unity 资源商店后就可以下载各类资源。

图 2-1 unity Asset Store

Unity 编辑器可以运行在 Windows、Mac OS X 以及 Linux 平台，它能做到一次开发部署到时下所有主流游戏平台。现在支持发布的平台有二十多个，用户无须二次开发和移植，就可以将开发的产品部署到不同的平台，节省开发成本。

Unity 是当前业界领先的 VR/AR 内容制作工具，世界上超过 60% 的 VR 和 AR 内容都是由 Unity 制作完成的。

2.2.2 HTC VIVE

1. HTC VIVE 系列头显简介

HTC VIVE 是由 HTC 与 Valve 联合开发的一款 VR 头显产品，于 2015 年 3 月在 MWC 2015 上发布，如图 2-2 所示。

图 2-2　HTC VIVE

2018 年 1 月 9 日，HTC 公司推出使用了 3K 分辨率的新头显 VIVE Pro，如图 2-3 所示。VIVE Pro 专业版配置双 3.5 英寸 AMOLED 屏幕，双眼分辨率为 3K（2 880 像素 ×1 600 像素），比 VIVE 提升了 78%，这意味着 VIVE Pro 拥有更高清的画面、更丰富的颜色和细节，在 VR 中浏览文字、图像的效果更佳，整个 VR 体验也更加沉浸。

图 2-3　HTC VIVE Pro

下面我们来介绍 VIVE Pro 专业版基础套装，表 2-1~ 表 2-5 分别对 VIVE Pro 的各种参数进行了列举。

表 2-1　　　　　　　　　　　　VIVE Pro 专业版基础套装

序号	内容	详情
1	头戴式设备	头戴式设备连接线（已安装）
		面部衬垫（已安装）
		清洁布
		耳机孔封盖 × 2
		文档
2	VIVE Pro 串流盒	电源适配器
		DisplayPort™ 连接线
		USB 3.0 连接线
		固定贴片
3	音频和语音	定位器电源适配器 × 2
		安装工具包
4	操控手柄 1.0 × 2	电源适配器 × 2
		Micro-USB 连接线 × 2
		挂绳 × 2

表 2-2　　　　　　　　　　　　头戴式设备参数

序号	内容	详情
1	屏幕	两个 3.5 英寸 AMOLED
2	分辨率	单眼分辨率位 1 440 像素 × 1 600 像素，双眼分辨率为 3K（2 880 像素 × 1 600 像素）
3	刷新率	90 Hz
4	视场角	110°
5	音频输出	Hi-Res Audio 认证头戴式设备
		Hi-Res Audio 认证耳机（可拆卸式）
		支持高阻抗耳机
6	音频输入	内置麦克风
7	连接口	USB-C 3.0, DP 1.2, 蓝牙
8	传感器	SteamVR 追踪技术、G-sensor 校正、gyroscope 陀螺仪、Proximity 距离感测器、瞳距感测器
9	人体工学设计	可调整镜头距离（适配佩戴眼镜用户）
		可调整瞳距
		可调式耳机
		可调式头带

表 2-3　　　　　　　　　　　操控手柄参数

序号	内容	详情
1	传感器	SteamVR 追踪技术 1.0
2	输入	多功能触摸面板、抓握键、二段式扳机、系统键、菜单键
3	连接口	Micro-USB

表 2-4　　　　　　　　　　　空间定位追踪设置

序号	内容	详情
1	站姿 / 坐姿	无最小空间限制
2	空间规模	最小为 2 米 × 1.5 米，最大为 3.5 米 × 3.5 米

表 2-5　　　　　　　　　　　最低电脑配置

序号	内容	详情
1	GPU	NVIDIA® GeForce® GTX 970 or AMD Radeon ™ R9 290 同等或更高配置
2	CPU	Intel® Core ™ i5-4590 or AMD FX ™ 8350 同等或更高配置
3	内存	4 GB 或以上
4	视频输出	DisplayPort 1.2 或更高版本
5	USB 端口	1x USB 3.0 或更高版本的端口
6	操作系统	Windows® 7, Windows® 8.1 或更高版本、Windows® 10

HTC 公司的 VIVE 系列产品主要是通过手柄来交互的，如图 2-4 所示。操控手柄每个按键的介绍已经标注得很清楚了，同学们需要在今后的项目开发中去慢慢体会每个控件的功能。

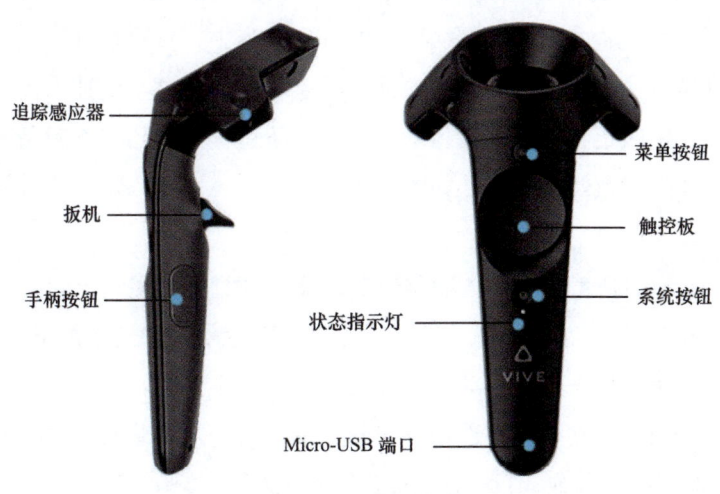

图 2-4　操控手柄按键图解

2．HTC 头显上的应用介绍

现在在 HTC 头显上的应用已经非常多了，我们列举几个比较主流的。

（1）The Lab

The Lab 是一款多个游戏的合集，如机器人维修、神秘商店、太阳系、人体扫描及其他更多的虚拟实境游戏，如图 2-5 所示。

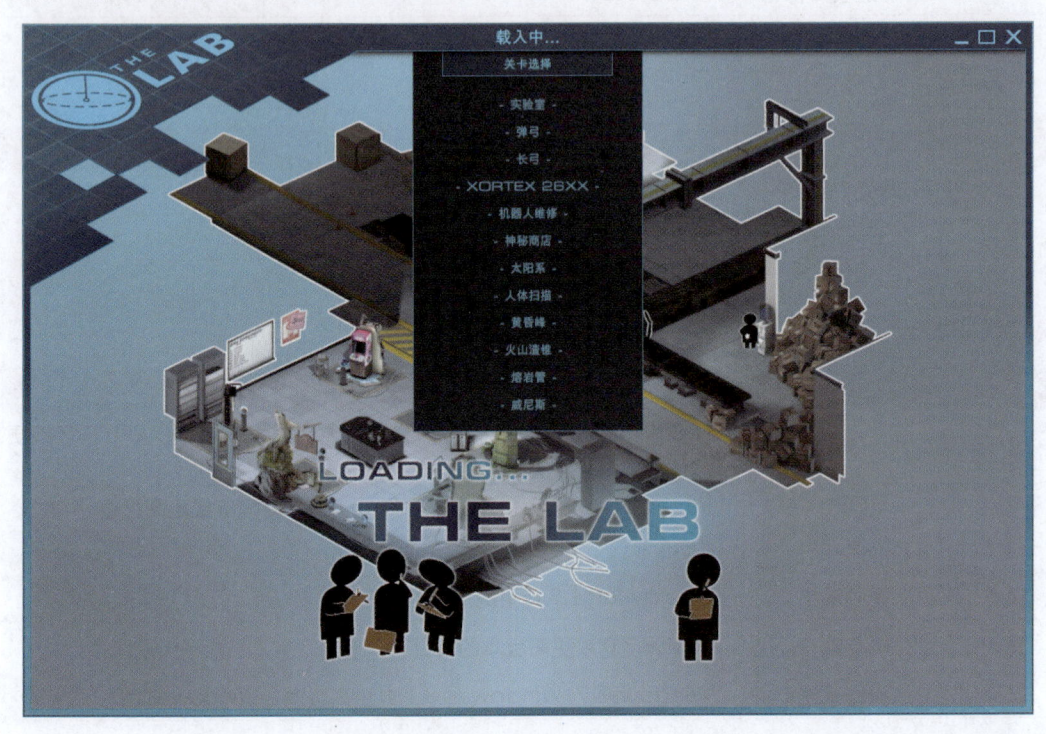

图 2-5　*The Lab* 界面

（2）The Walk

The Walk 可以让玩家体验高空坠落的感觉，其游戏场景设置在纽约的曼哈顿街区，游戏开始的时候玩家就会置身于一台缓缓上升的升降机当中，玩家在升降机当中的视野非常开阔，街道、高楼等景色尽收眼底，到楼顶后玩家可以体验高空走独木板，当掉下时玩家视线在往下坠落，同时也在旋转，就像一个人在下坠过程当中还在不断翻滚，整个世界都在天旋地转并且伴随着眩晕的感觉，如图 2-6 所示。

（3）theBlu

theBlu 是一款画面精美的深海体验类游戏，让玩家身临其境地感受海洋的魅力，并可与游戏场景进行互动。游戏的每一个细节都十分逼真完美，其中还增加了游戏的互动环节，使玩家可以直接与游戏场景进行互动，如玩家可以和海葵交互。

游戏的沉浸感很强，在外面观看视频与戴上头盔后是两种截然不同的体验，戴上头盔后，外面的整个世界都被隔绝，让人完全沉浸在大海深处，体验深海的魅力，如图 2-7 所示。

图 2-6　The Walk 界面

图 2-7　theBlu 进入界面

2.3 你做我导

任务1 学习配置 Unity 开发环境

任务导入

目前世界上大部分的 VR 和 AR 内容都是用 Unity 开发的，Unity 最新的实时光线追踪技术可以创造出更加逼真的可交互虚拟环境，让参与者身临其境，感受虚拟现实的真实体验。

任务分析

本任务引导读者安装 Unity。Unity 有两种安装方式，第一种是直接下载安装程序进行安装，第二种是通过下载安装 Unity Hub 后再进行安装，我们主要学习第二种安装方法。

任务实施

1．Unity 下载

步骤❶ 在浏览器中输入 Unity 中国官网的网址即可打开 Unity 中国官网，如果用户还没有 Unity ID，则需要如图 2-8 所示，单击网页右上角的图标，通过"创建 Unity ID"选项来创建一个 Unity ID；如果已经有 Unity ID，则直接登录即可。用户完成官网登录后可以单击右上角的"下载 Unity"按钮进入下载页面。

图 2-8 Unity 中国官网

步骤❷ 在 Unity 下载页面可以下载自己想要的版本，也可以选择从安装 Unity Hub 开始。这里我们选择从安装 Unity Hub 开始，如图 2-9 所示，单击"下载 Unity Hub"按钮。如图 2-10 所示，选择下载的版本。

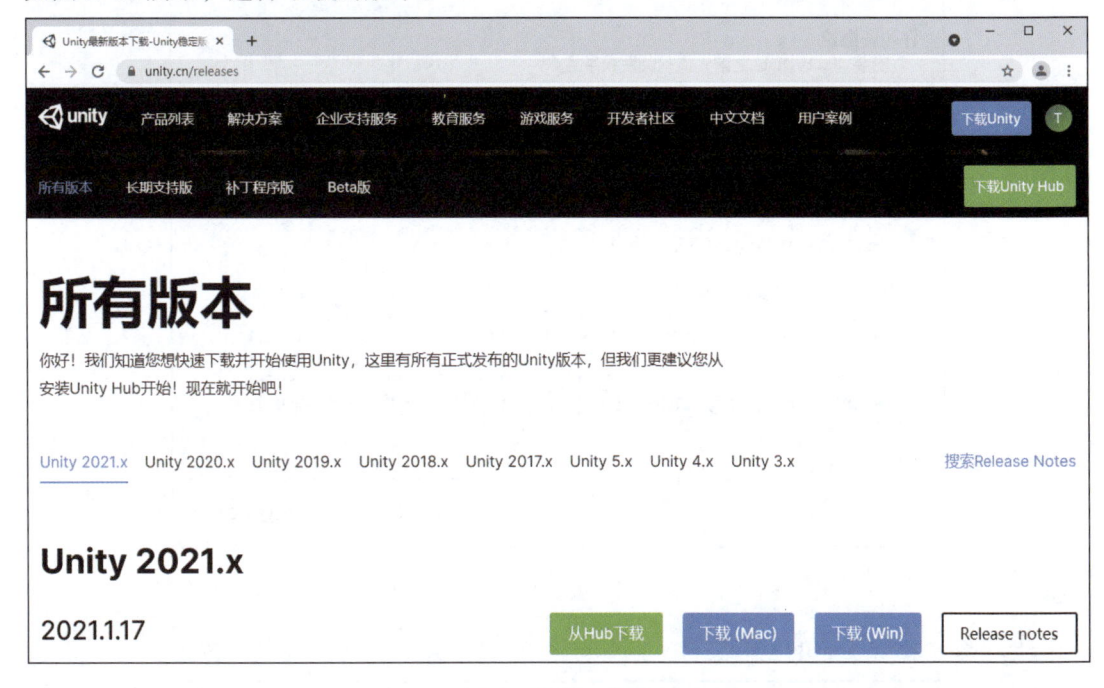

图 2-9　软件下载页面

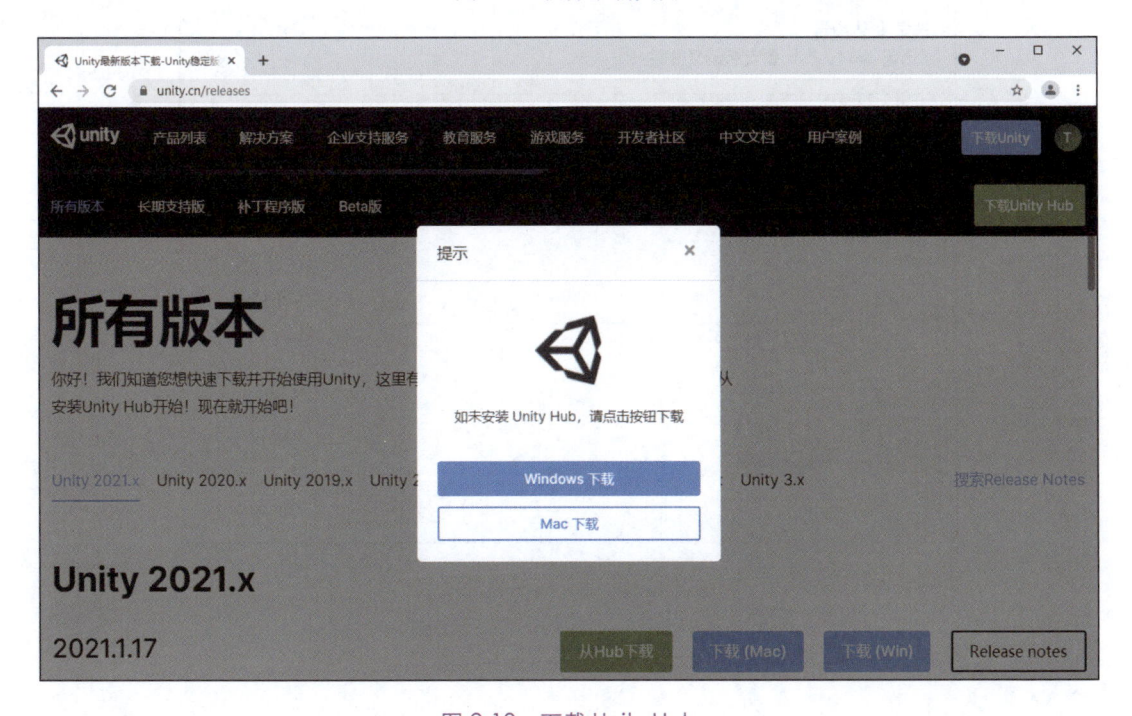

图 2-10　下载 Unity Hub

步骤❸ 单击"Windows 下载"按钮后，进行 Unity Hub 的安装，如图 2-11 所示，单击"我同意"按钮。

图 2-11　安装 Unity Hub

步骤❹ 选择好安装的目标文件夹后，如图 2-12 所示，单击"安装"按钮。

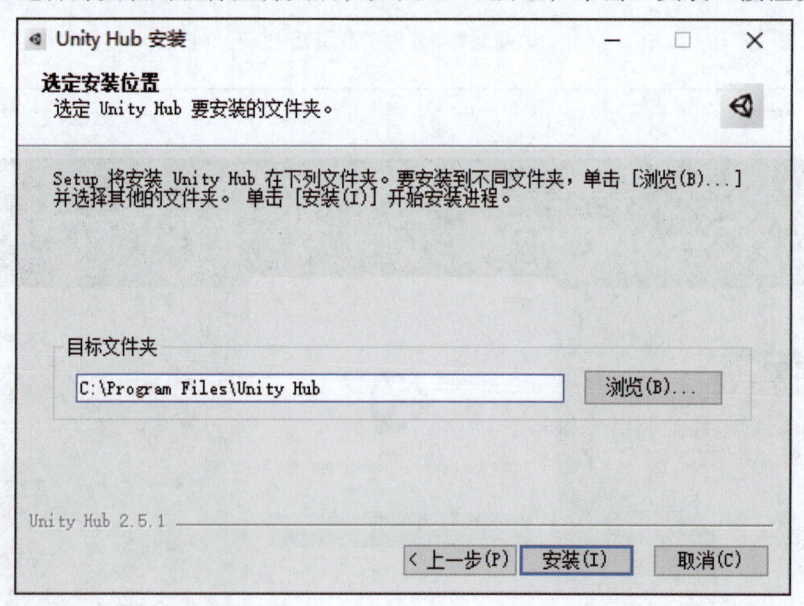

图 2-12　选定安装目标文件夹

项目 2　熟悉虚拟现实项目开发环境

步骤❺ 完成安装，如图 2-13 所示，单击"完成"按钮，进入 Unity Hub。

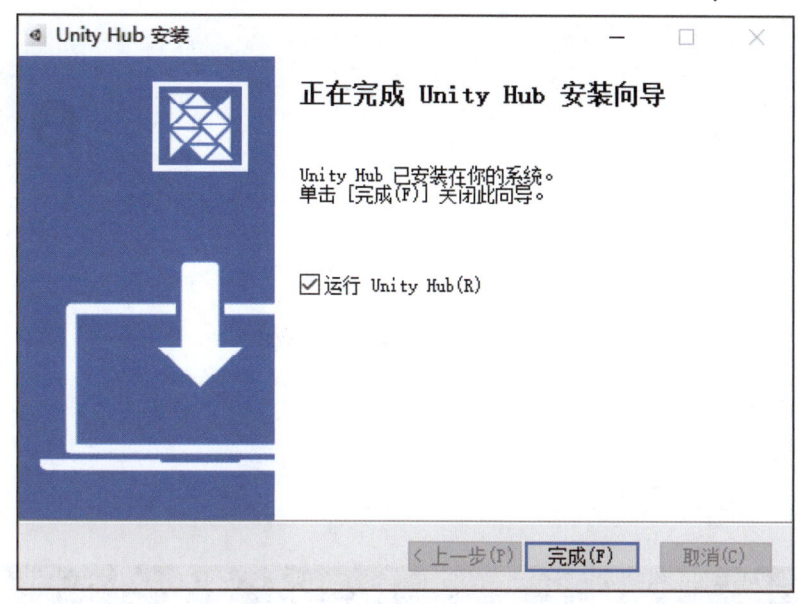

图 2-13　完成 Unity Hub 安装向导

步骤❻ 运行 Unity Hub，如图 2-14 所示。

图 2-14　运行 Unity Hub

步骤❼ 在 Unity Hub 中进行账户登录，如图 2-15 所示。

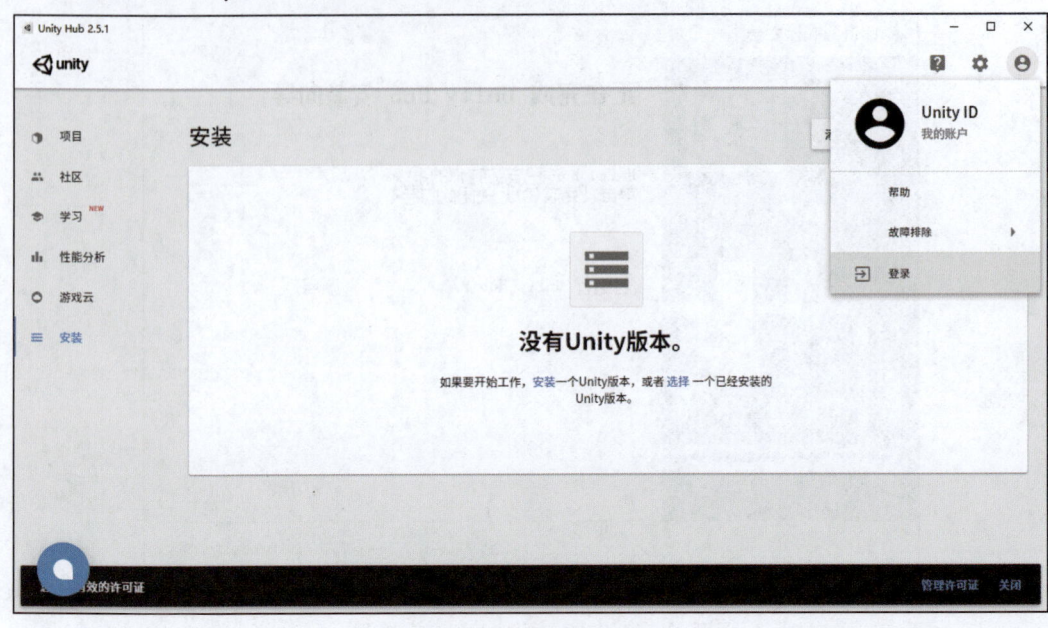

图 2-15 账户登录

步骤❽ 在 Unity Hub 中输入自己的账号和密码来完成登录，如图 2-16 所示。

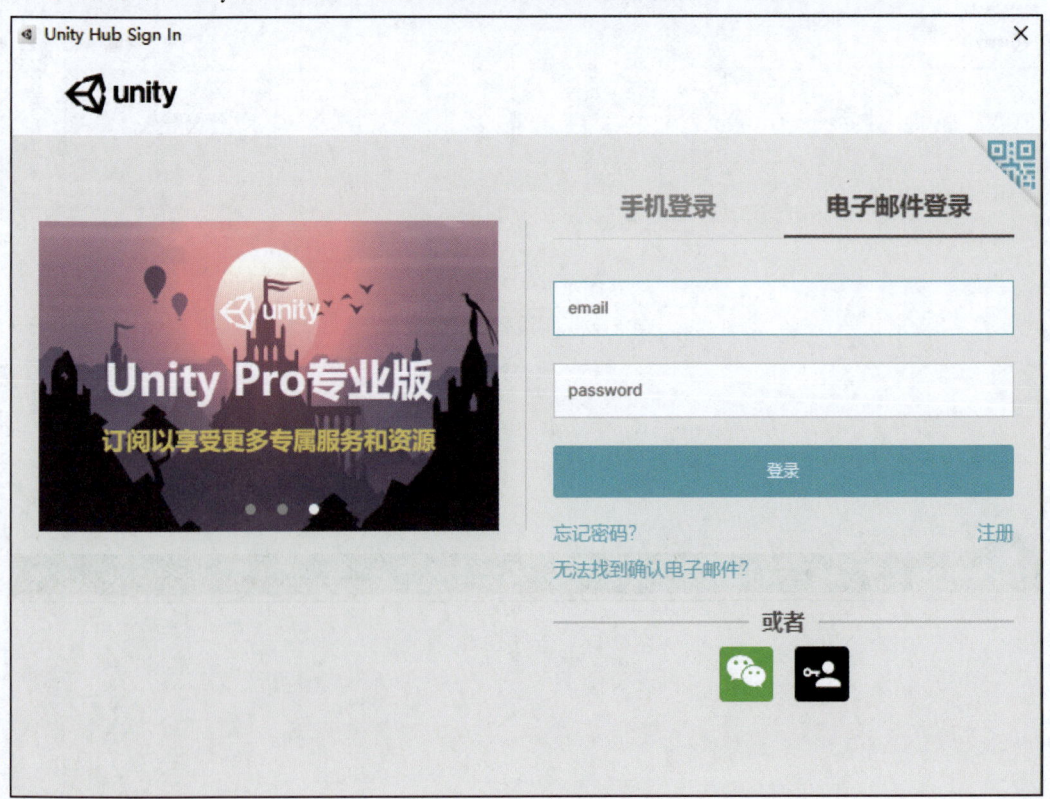

图 2-16 输入账号和密码

步骤❾ 完成登录，如图 2-17 所示。

图 2-17 完成登录

步骤❿ 在如图 2-17 界面，单击"管理许可证"，进入许可证窗口，如图 2-18 所示。

图 2-18 许可证窗口

步骤⓫ 在许可证窗口单击"激活新许可证"按钮，打开"新许可证激活"对话框，如图 2-19 所示，选择"Unity 个人版"单选按钮，再选择"我不以专业身份使用 Unity"单选按钮，单击"完成"按钮，完成新许可证激活。

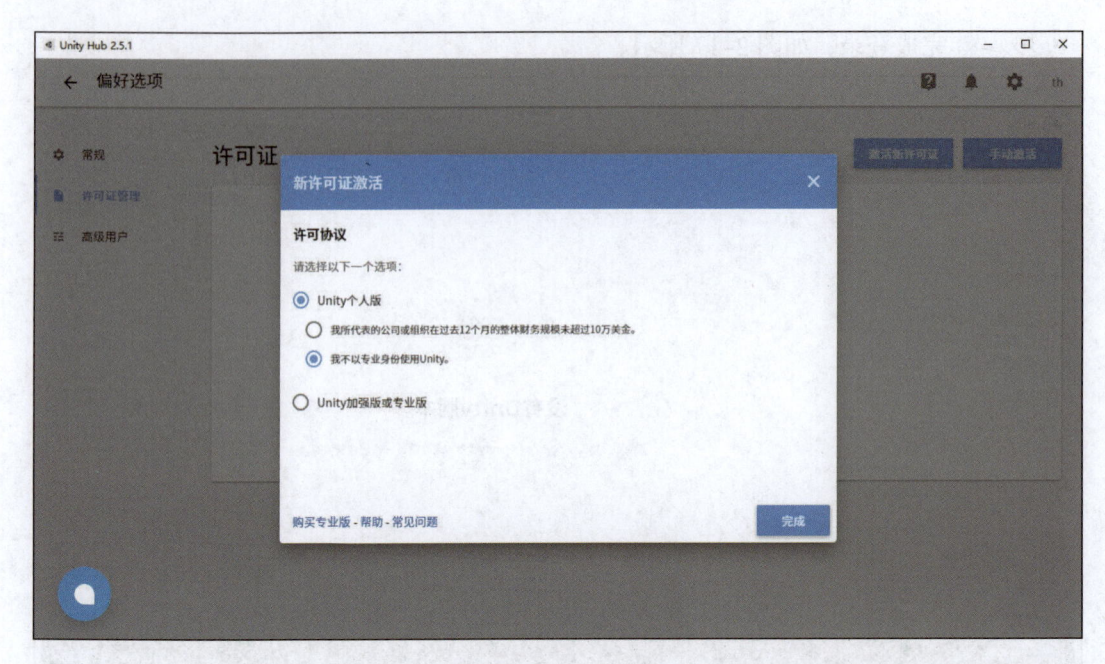

图 2-19　新许可证激活

步骤⑫ 许可证激活后的界面如图 2-20 所示。单击左上角的向左箭头，进入项目管理界面，如图 2-21 所示。

图 2-20　许可证激活完成界面

图 2-21 项目管理界面

2. Unity 安装

步骤❶ 在"下载 Unity"页面中，选择"长期支持版"，选择 2019.4.29f1 这个版本，如图 2-22 所示。读者可以根据自己的需求选择更新的版本，但必须选择 2019 的长期支持版，不要选择 2020 的长期支持版本，因为 2020 版对我们后面用到的一些插件不支持。

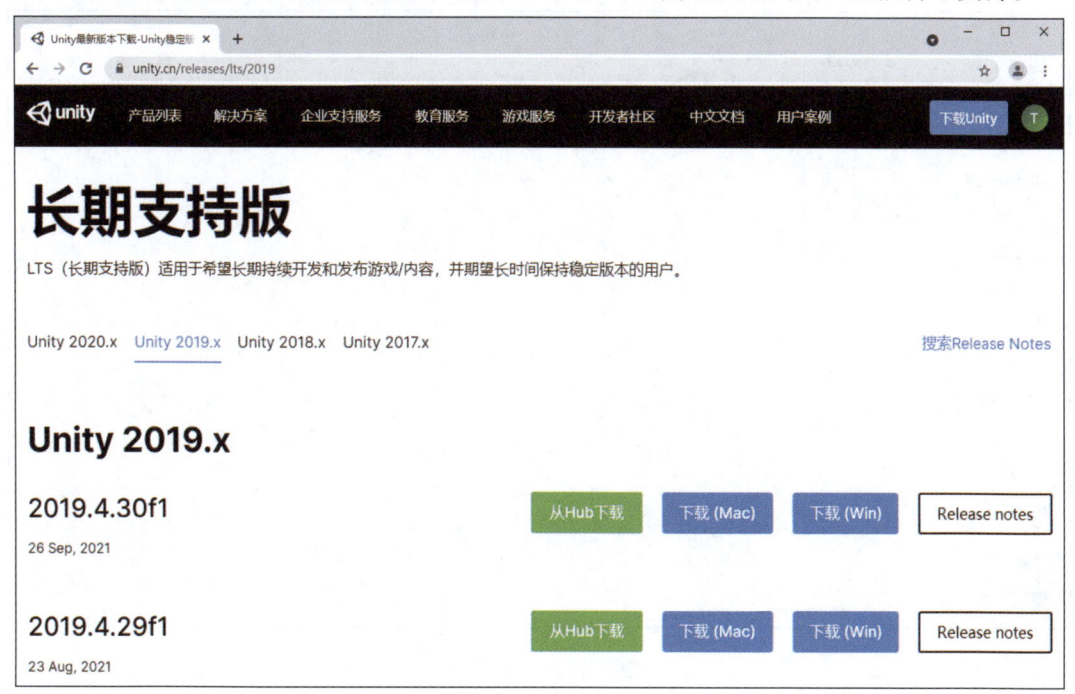

图 2-22 选择安装的版本

步骤❷ 单击"从 Hub 下载"按钮，会直接跳到 Unity Hub 进行下载，如图 2-23 所示。如果已经安装了 Microsoft Visual Studio 2019，则不用勾选"Microsoft Visual Studio Community 2019"，其他的直接默认即可，单击"INSTALL"按钮进行下一步安装。

图 2-23 添加 Unity 版本

步骤❸ 安装 Unity，如图 2-24 所示，等待一段时间就可以安装完成。

图 2-24 安装 Unity

3. Unity 编辑环境

步骤❶ 在 Unity Hub 的项目管理界面单击"新建"按钮,新建一个 Unity 程序,如图 2-25 所示,选择"3D",单击"创建"按钮。

图 2-25 创建新项目

步骤❷ 进入创建的项目界面,如图 2-26 所示。

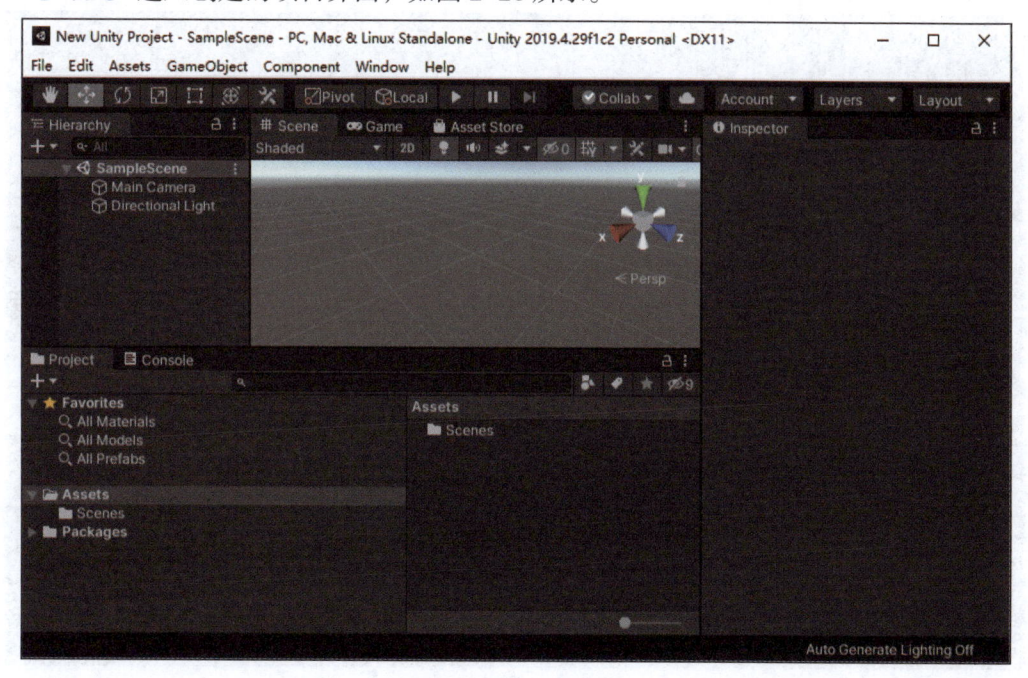

图 2-26 项目界面

步骤❸ 单击"Edit"菜单,再单击"Preferences"选项,进入"Preferences"窗口,如图 2-27 所示。

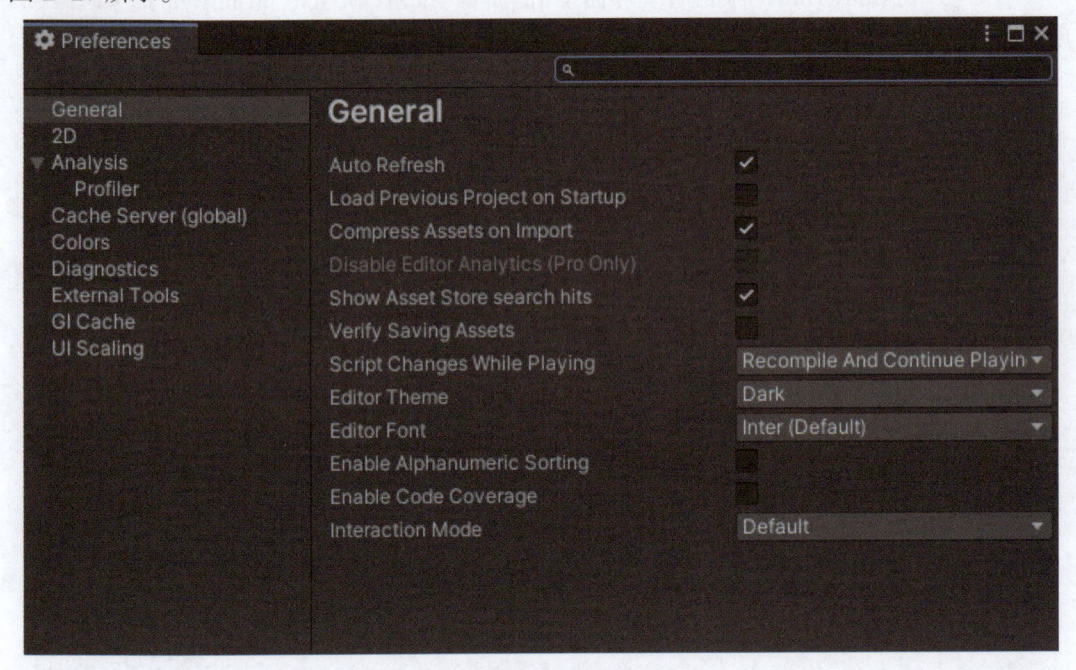

图 2-27 "Preferences"窗口

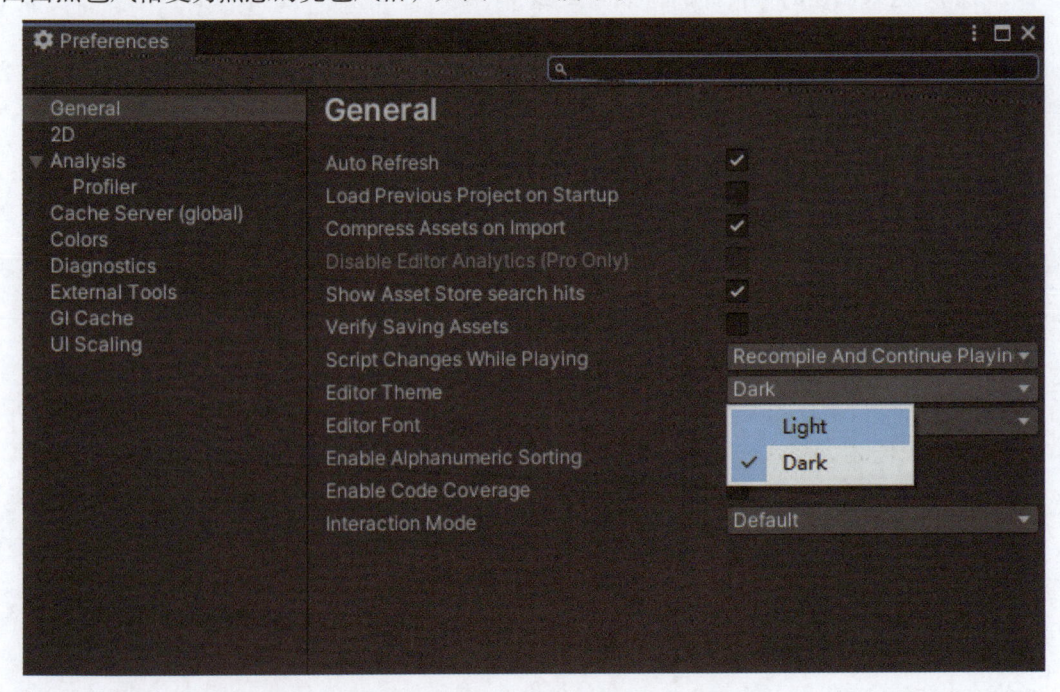

步骤❹ 在"Editor Theme"选项中选择"Light",如图 2-28 所示。修改成功后,界面由黑色风格变为熟悉的亮色风格,如图 2-29 所示。

图 2-28 修改"Editor Theme"的值

项目 2　熟悉虚拟现实项目开发环境

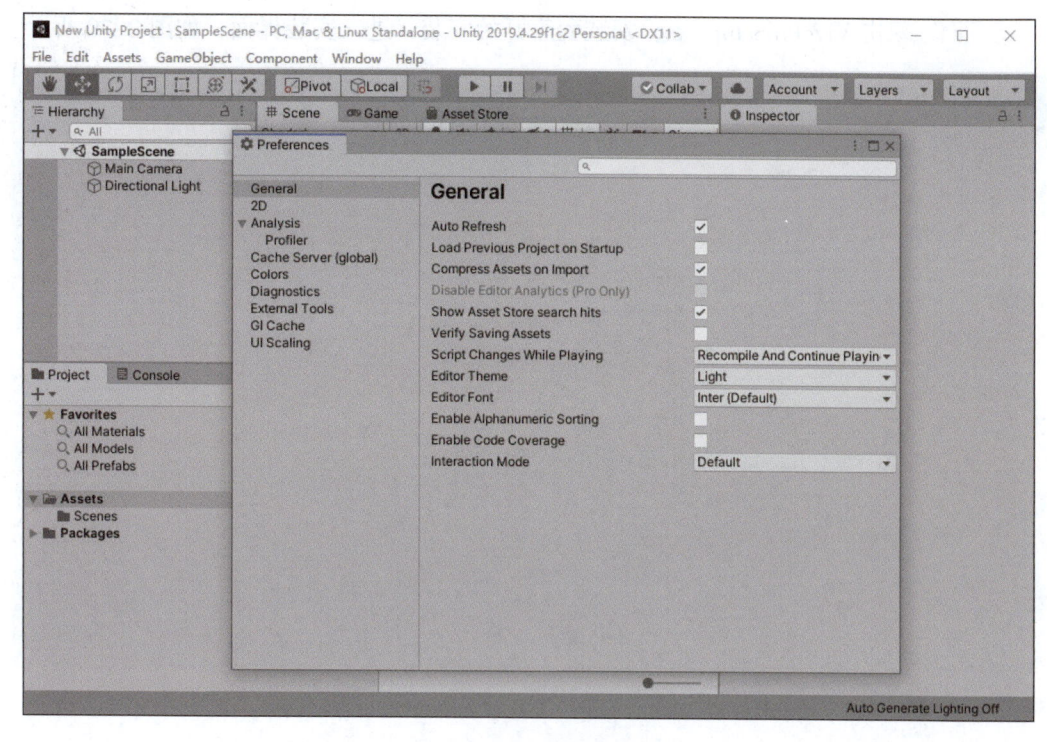

图 2-29　风格修改成功

任务 2　学习使用 HTC VIVE Pro 设备

任务导入

现在市场上有很多 VR 头显，HTC VIVE 体验效果比较好，特别是在 HTC 公司推出 HTC VIVE Pro 系列后，呈现的虚拟场景更加真实。

任务分析

本任务主要是安装 HTC VIVE Pro 的软、硬件，软件主要是安装 SteamVR，通过 SteamVR 来使虚拟现实项目运行起来。同时我们也需要学习如何将 HTC VIVE Pro 硬件连接到计算机上。

任务实施

HTC VIVE Pro 的安装主要是跟随官方提供的步骤进行。

步骤❶ 从 VIVE 中国官网下载 ViveProSetup.exe 安装程序。

41

步骤❷ 双击 ViveProSetup.exe，安装程序开始安装，进入安装界面，如图 2-30 所示。

图 2-30　进入安装界面

步骤❸ 单击"轻松上手"按钮进入下一步，如图 2-31 所示。

图 2-31　欢迎使用 VIVE 界面

步骤❹ 单击"我明白了"按钮进入下一步。如图 2-32 所示。

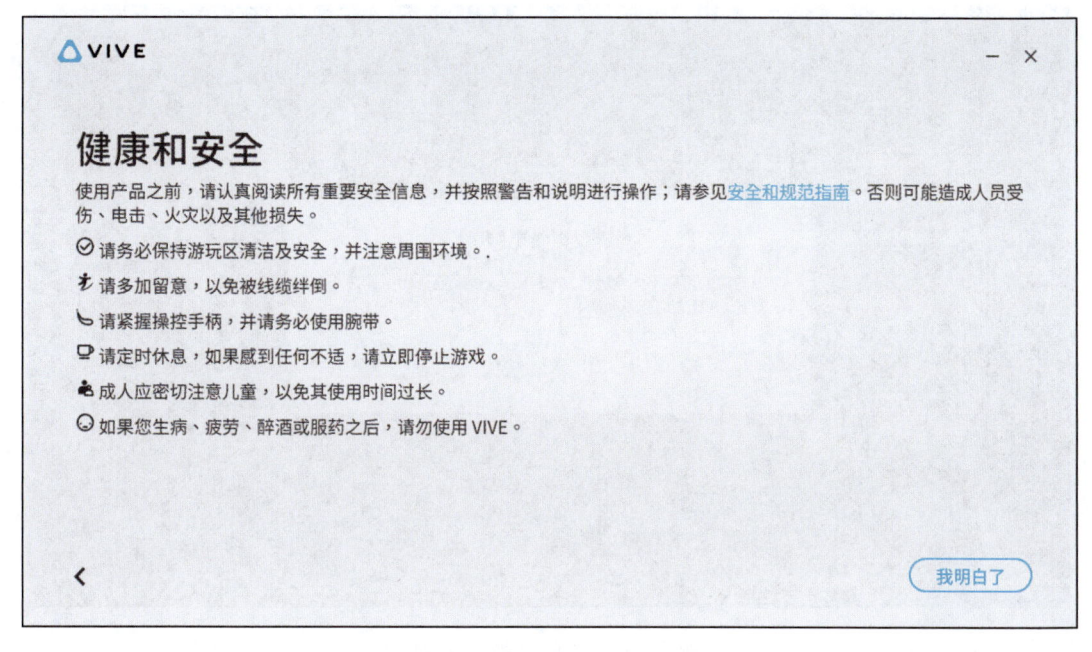

图 2-32 健康与安全信息界面

步骤❺ 根据实际的电脑配置情况，可以选择无视提示，单击"下一步"按钮进入下一步。如图 2-33 所示。

图 2-33 电脑配置提示界面

步骤❻ 单击"仍然继续"按钮进入下一步,如图 2-34 所示。

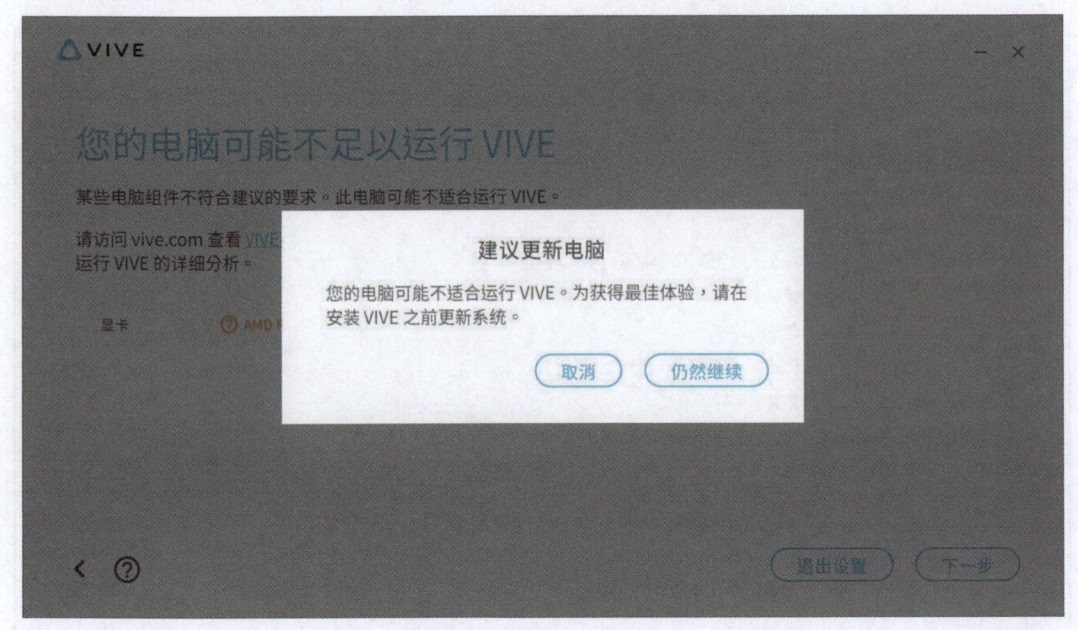

图 2-34　建议更新电脑界面

步骤❼ 单击"登录"按钮进入下一步,如图 2-35 所示。

图 2-35　提示登录账户界面

项目 2　熟悉虚拟现实项目开发环境

步骤❽ 如果没有账号可以注册一个，然后输入账号信息进行登录操作，如图2-36所示。

图 2-36　登录账户界面

步骤❾ 单击"安装"按钮进入安装VIVE和SteamVR软件界面，如图2-37、图2-38所示。

图 2-37　安装软件界面

45

图 2-38　安装界面

步骤⑩ 硬件安装概览，如图 2-39 所示。

图 2-39　硬件安装概览

项目 2　熟悉虚拟现实项目开发环境

步骤⑪ 单击"下一步"按钮进行下一步安装,如图 2-40 所示。

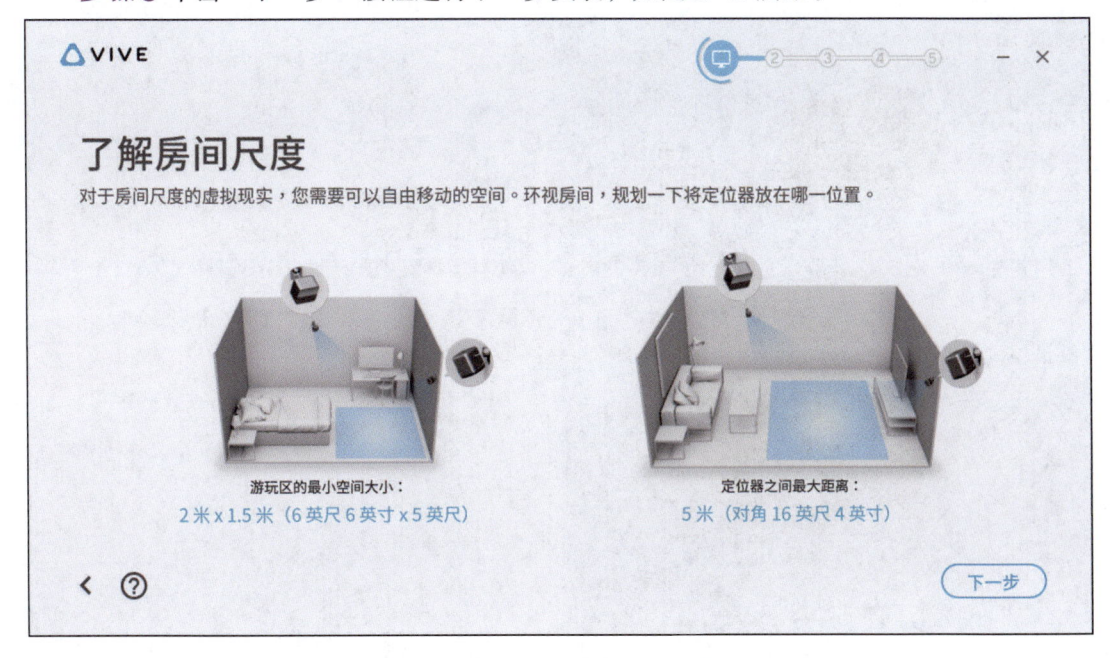

图 2-40　了解房间尺度

步骤⑫ 单击"下一步"按钮进行下一步安装,如图 2-41 所示。

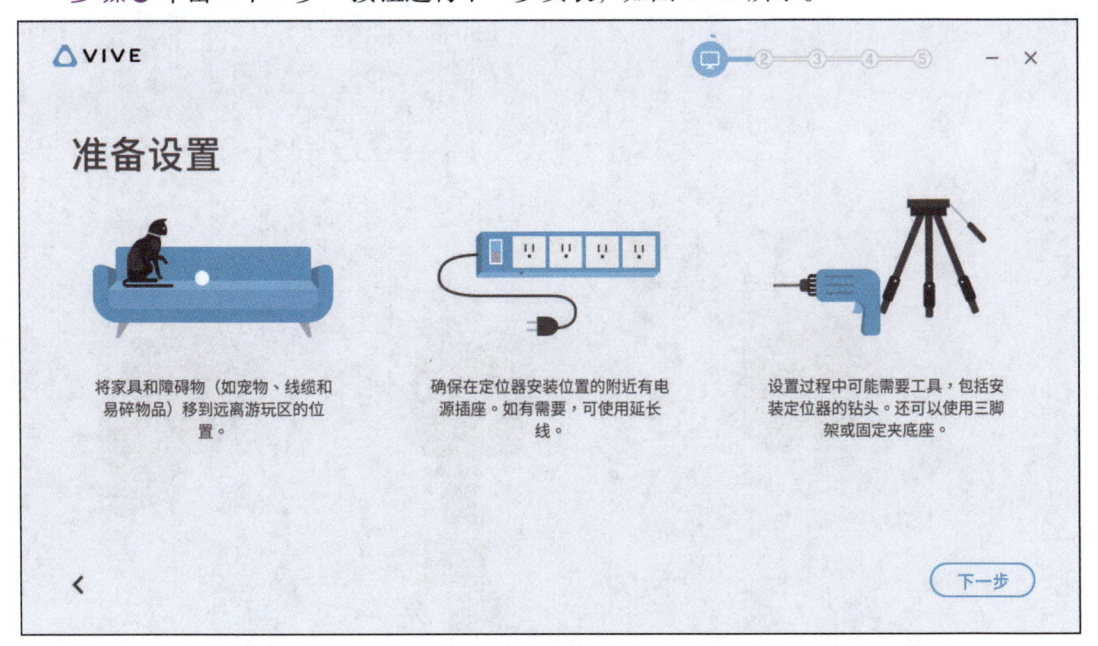

图 2-41　准备设置

47

步骤⓭ 单击"下一步"按钮进行下一步安装，如图 2-42 所示。

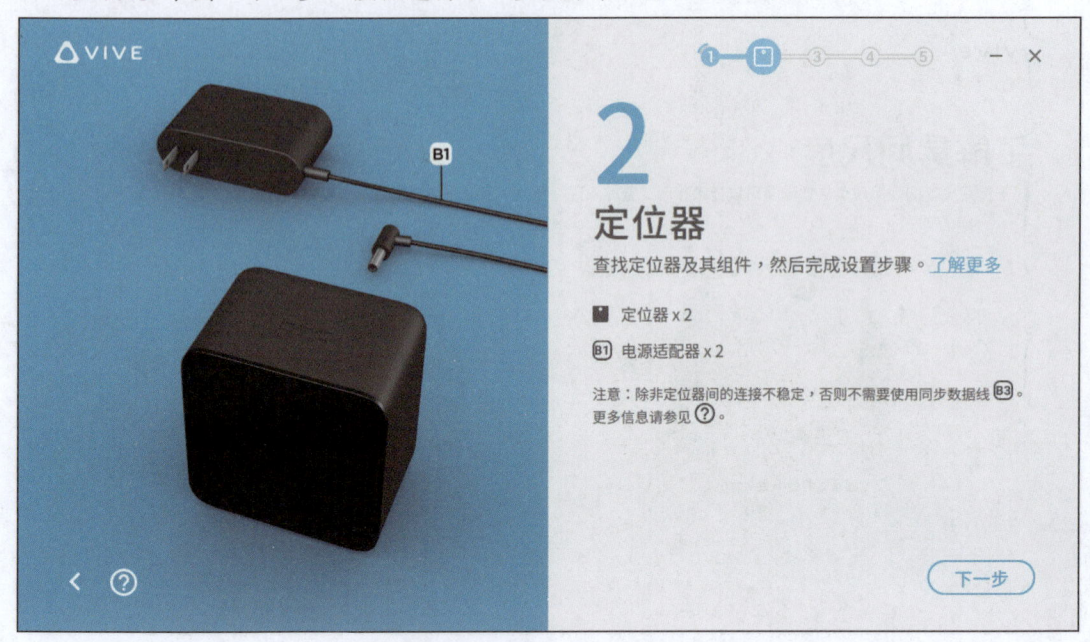

图 2-42 定位器安装（1）

步骤⓮ 单击"下一步"按钮进行下一步安装，如图 2-43 所示。

图 2-43 定位器安装（2）

步骤⓯ 单击"下一步"按钮进行下一步安装,如图 2-44 所示。

图 2-44　定位器安装(3)

步骤⓰ 单击"下一步"按钮进行下一步安装,如图 2-45 所示。

图 2-45　定位器安装(4)

步骤⑰ 单击"下一步"按钮进行下一步安装,如图2-46所示。

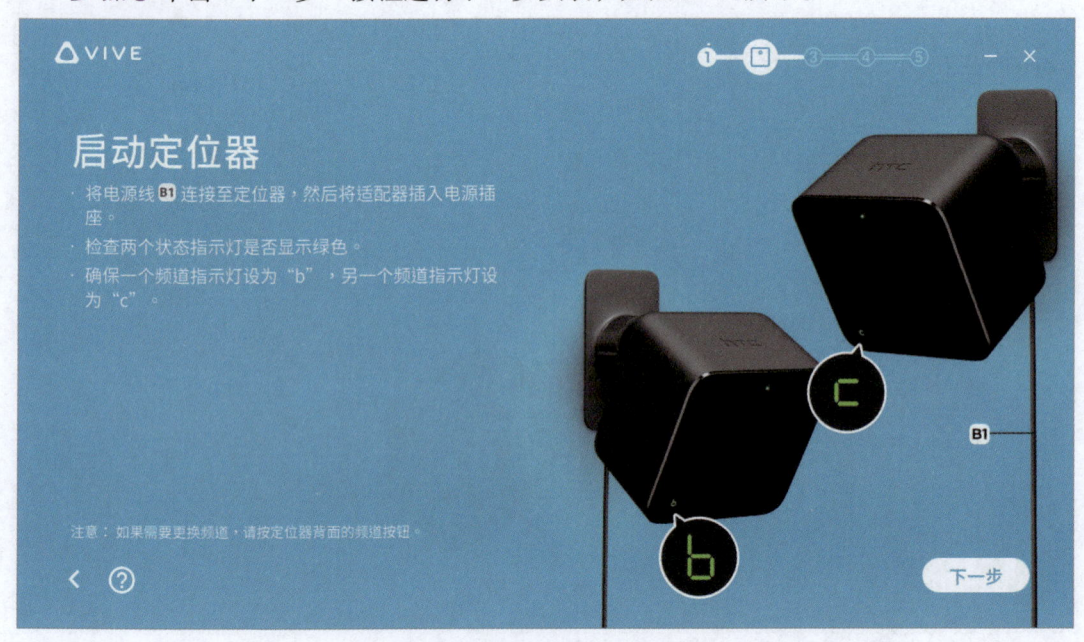

图2-46 定位器安装(5)

步骤⑱ 单击"下一步"按钮进行下一步安装,如图2-47所示。

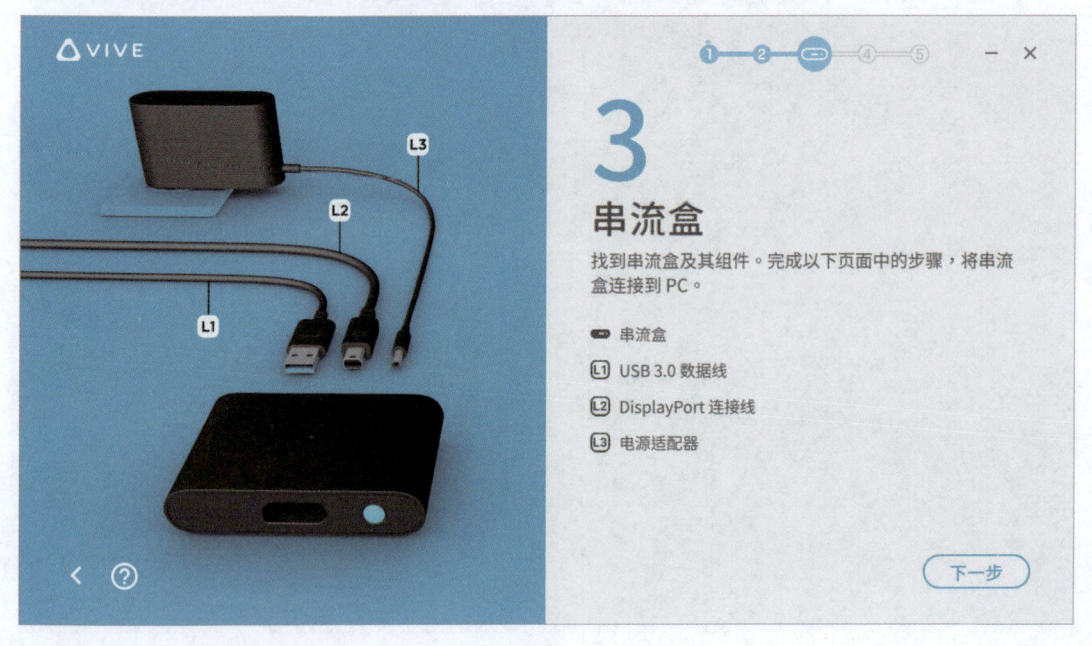

图2-47 串流盒安装(1)

项目 2　熟悉虚拟现实项目开发环境

步骤⑲ 单击"下一步"按钮进行下一步安装，如图 2-48 所示。

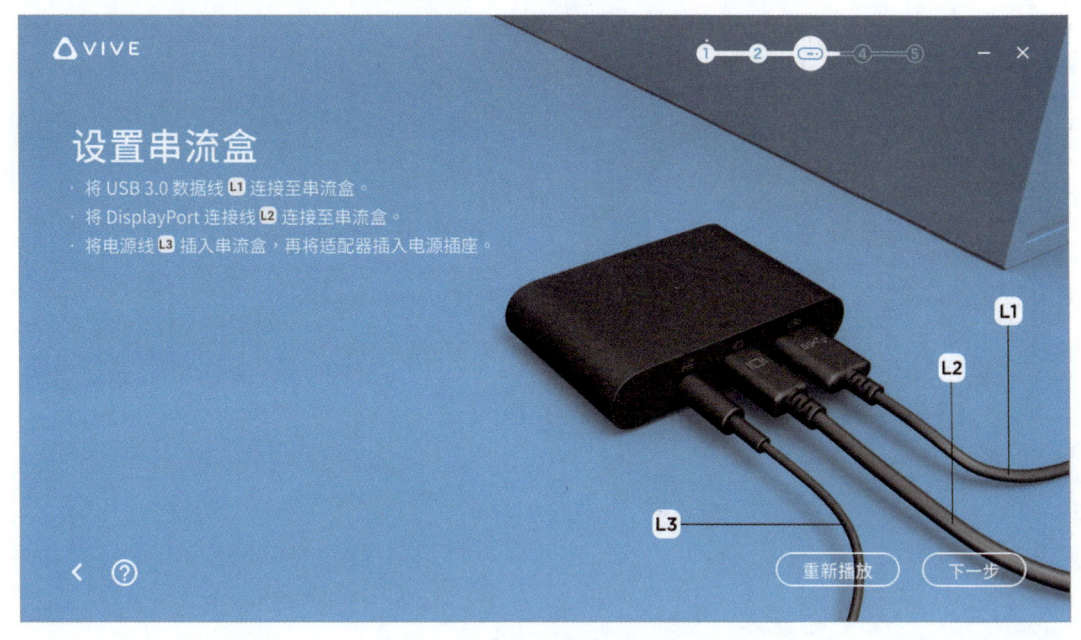

图 2-48　串流盒安装（2）

步骤⑳ 单击"下一步"按钮进行下一步安装，如图 2-49 所示。

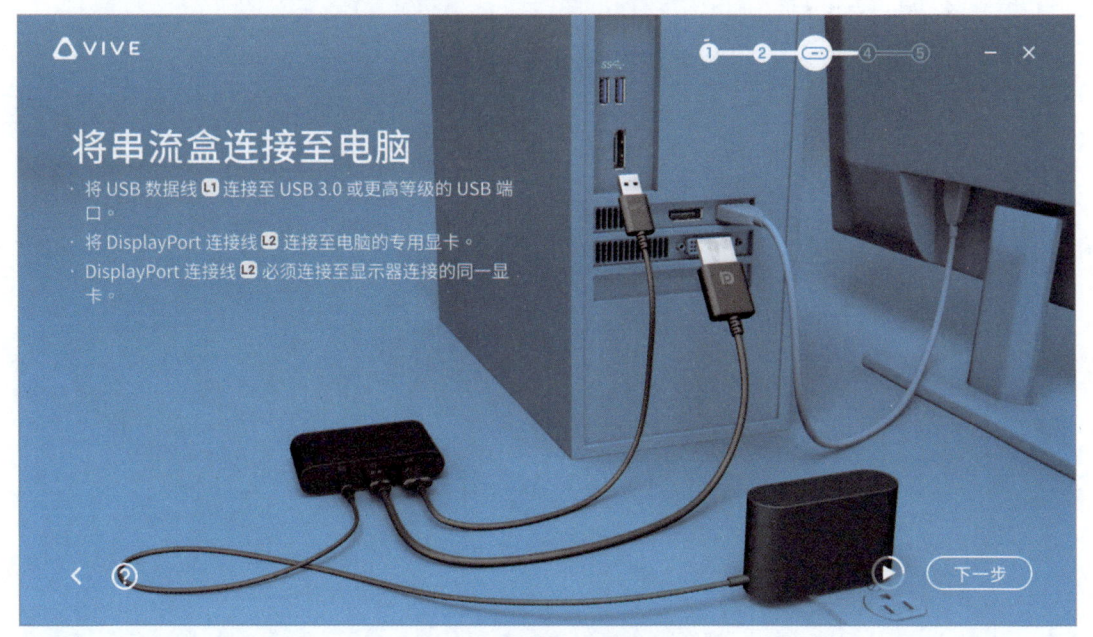

图 2-49　串流盒安装（3）

步骤 21 单击"下一步"按钮进行下一步安装,如图 2-50 所示。

图 2-50　头戴式设备安装（1）

步骤 22 等待检测完成,如图 2-51 所示。

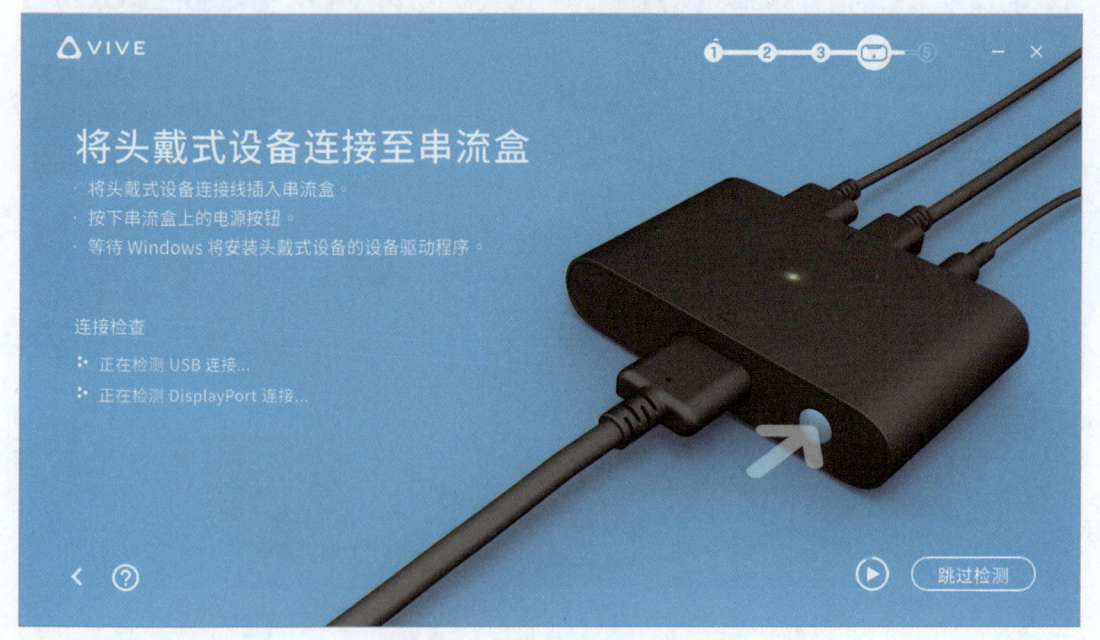

图 2-51　头戴式设备安装（2）

步骤㉓ 单击"下一步"按钮进行下一步安装,如图 2-52 所示。

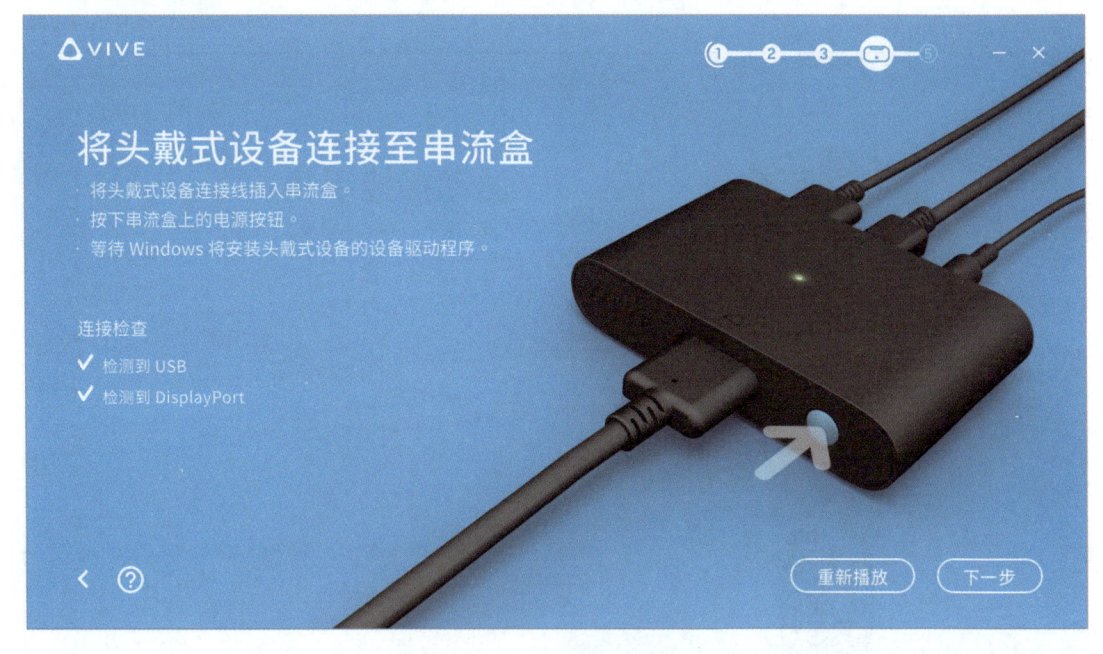

图 2-52　头戴式设备安装（3）

步骤㉔ 单击"下一步"按钮进行下一步安装,如图 2-53 所示。

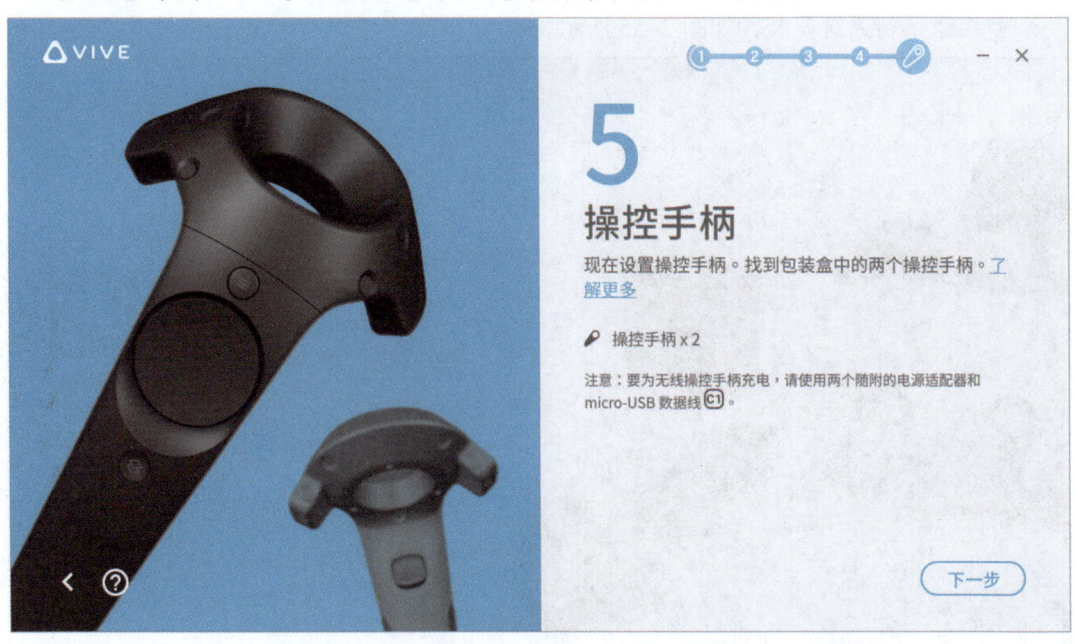

图 2-53　操控手柄安装（1）

步骤❺ 单击"下一步"按钮进行下一步安装，如图 2-54 所示。

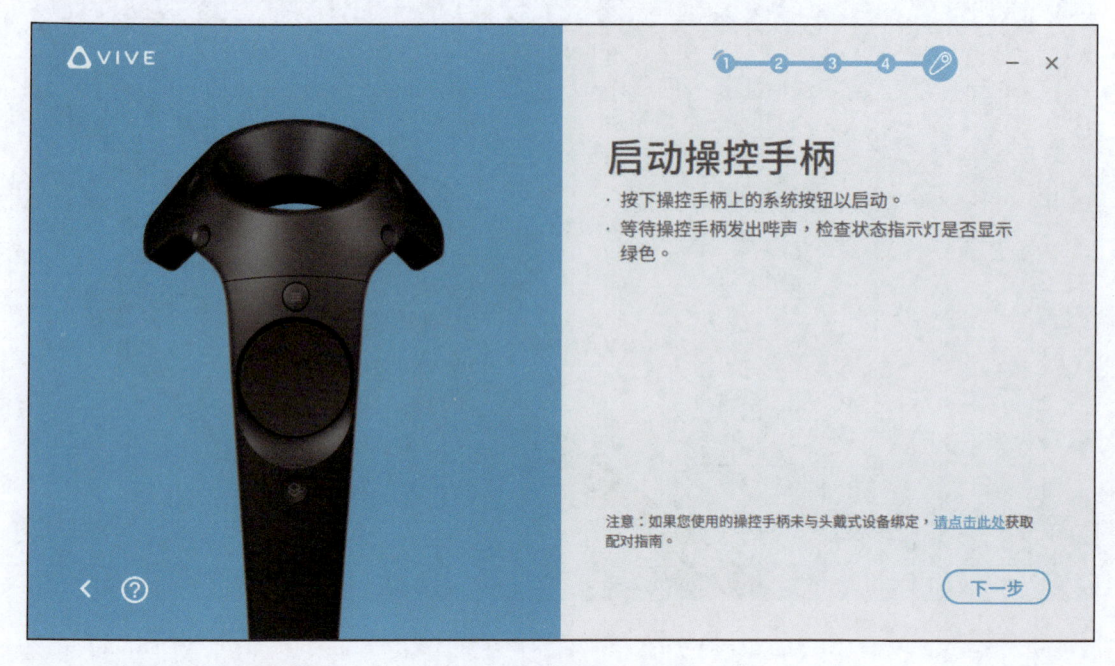

图 2-54 操控手柄安装（2）

步骤❻ 等待系统安装，如图 2-55 所示。

图 2-55 安装等待界面

步骤㉗ 安装 SteamVR，如图 2-56 所示。如果这一步一直安装不成功，可能是要访问国外网站，可以直接去 Steam 官网安装 SteamVR，或者采用技术手段完成该步骤。

图 2-56　StearmVR 安装

步骤㉘ 单击"设置游玩区"按钮进行下一步安装，如图 2-57 所示。

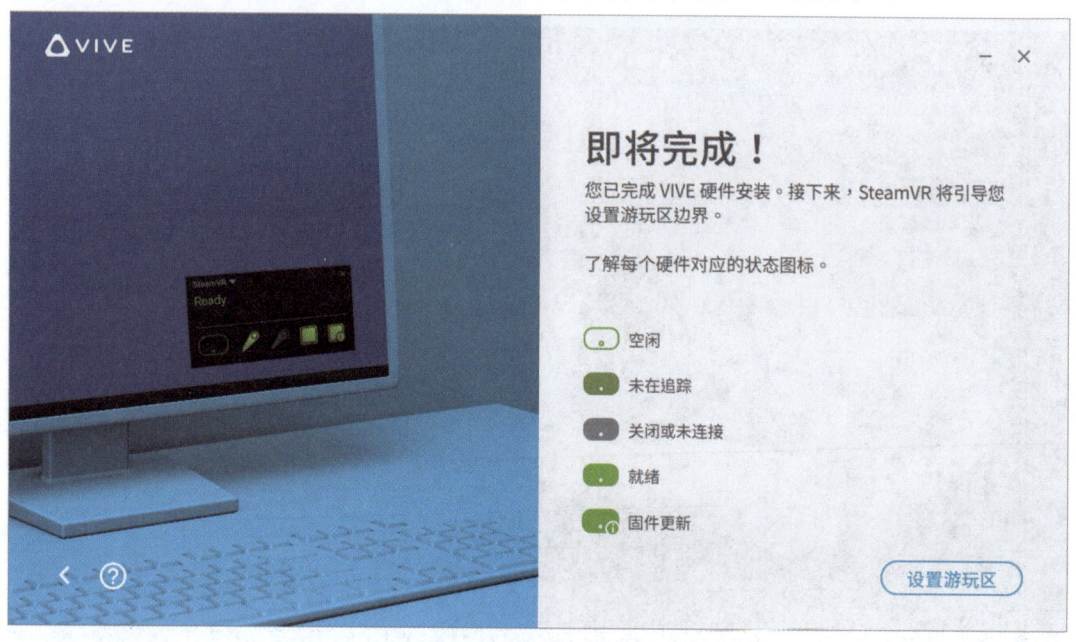

图 2-57　即将完成界面

步骤㉙ 这一步可以根据实际情况选择"房间规模"和"仅站立"两种模式之一，单击"房间规模"按钮进行下一步安装，如图 2-58 所示。

图 2-58　房间设置（1）

步骤㉚ 单击"下一步"按钮进行下一步安装，如图 2-59 所示。

图 2-59　房间设置（2）

步骤㉛ 建立定位，放置好头盔和手柄，如图 2-60 所示。

图 2-60　房间设置（3）

步骤㉜ 单击"下一步"按钮进行下一步安装，如图 2-61 所示。

图 2-61　房间设置（4）

步骤㉝ 扣动扳机，如图 2-62 所示。

图 2-62　房间设置（5）

步骤㉞ 单击"下一步"按钮进行下一步安装，如图 2-63 所示。

图 2-63　房间设置（6）

项目 2　熟悉虚拟现实项目开发环境

步骤㉟ 将两个手柄放在地面进行地面校准，如图 2-64 所示。

图 2-64　房间设置（7）

步骤㊱ 单击"下一步"按钮进行下一步安装，如图 2-65 所示。

图 2-65　房间设置（8）

59

步骤㊲ 单击"下一步"按钮进行下一步安装,如图 2-66 所示。

图 2-66 房间设置(9)

步骤㊳ 单击"下一步"按钮进行下一步安装,如图 2-67 所示。

图 2-67 房间设置(10)

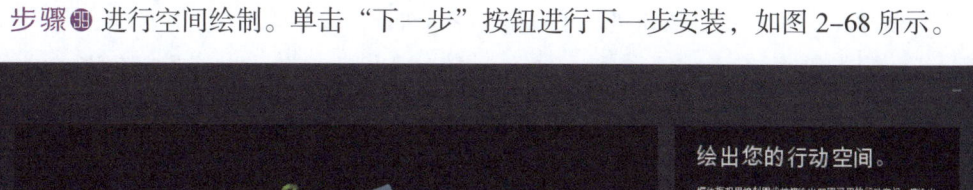

项目 2　熟悉虚拟现实项目开发环境

步骤㊴ 进行空间绘制。单击"下一步"按钮进行下一步安装，如图 2-68 所示。

图 2-68　房间设置（11）

步骤㊵ 自动设置好游玩范围，单击"下一步"按钮进行下一步安装，如图 2-69 所示。

图 2-69　房间设置（12）

61

步骤㊶ 单击"下一步"按钮进行下一步安装，如图 2-70 所示。

图 2-70　房间设置（13）

步骤㊷ 根据提示戴上相关设备，如图 2-71 所示。

图 2-71　SteamVR 教程学习（1）

步骤㊹ 跟着系统进行 SteamVR 教程的学习，如图 2-72 所示。

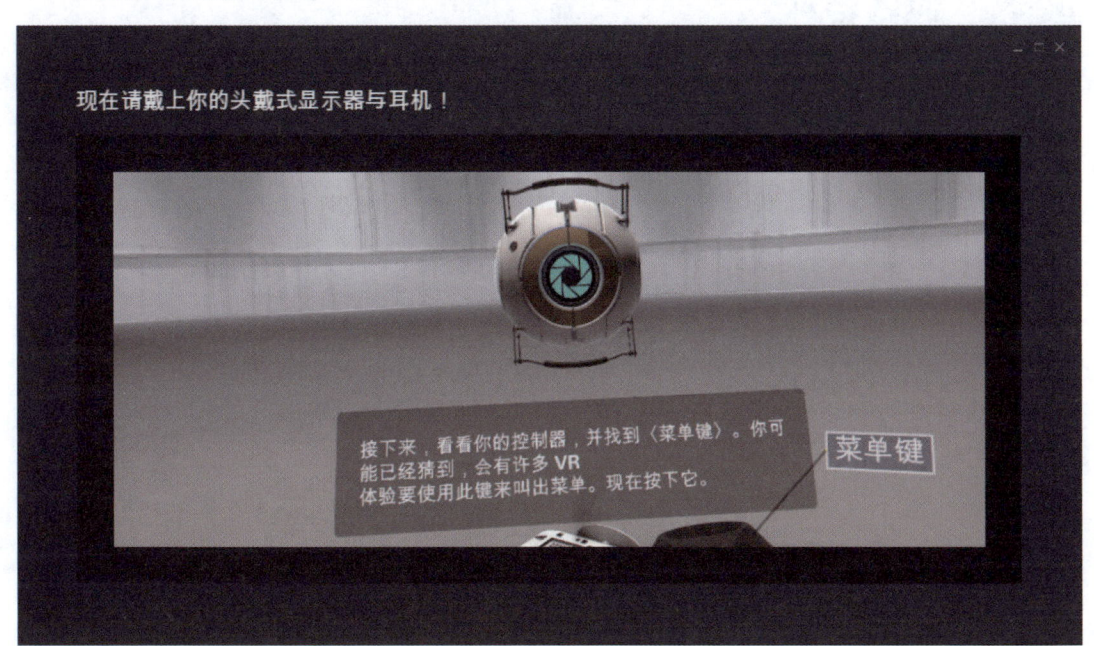

图 2-72 SteamVR 教程学习（2）

2.4 知识拓展

Unity 为不同规模的团队及企业提供针对性的订阅方案，所有 Unity 订阅方案不与用户的最终作品分成。个人或者不同规模的团队及企业可以根据自身情况使用不同版本的 Unity 软件。

1. Unity 个人版（Unity Personal）

免费 Unity 版本，仅供个人学习，过去 12 个月整体财务规模未超过 10 万美元的个人用户可以使用 Unity 个人版。

2. Unity 加强版（Unity Plus）

适合高要求的个人开发者及初步成立的小企业的 Unity 版本，过去 12 个月整体财务规模未达到 20 万美元的企业需购买 Unity 加强版。

3. Unity 专业版（Unity Pro）

适合企业团队和专业开发者的 Unity 版本，过去 12 个月整体财务规模达到 20 万美元以上的企业需购买 Unity 专业版。

2.5 你做我评

1. 请直接下载安装程序来安装一次 Unity。
2. 在配置 VIVE Pro 时选择"仅站立"模式进行房间设置，如图 2-73 所示。

图 2-73 选择"仅站立"模式

2.6 项目小结

通过两个任务的学习，学习者学习了如何下载与安装 Unity，以及为 HTC VIVE Pro 头显安装相关程序，同时也安装好了 SteamVR，为今后的虚拟现实项目开发打下良好的基础。

习题

1. 简述 Unity 平台的发展史。
2. 列出三个采用 Unity 开发的 VR 游戏，并针对游戏特点进行简要分析。
3. 简述 Unity 的安装步骤以及安装难点。
4. 简述 HTC VIVE Pro 安装的流程。

项目 3 熟悉虚拟现实项目开发插件

3.1 项目描述

本项目主要讲解虚拟现实项目开发的两个插件——SteamVR Plugin 和 VRTK 的使用，同时也对开发过程中比较常见的一些插件进行了介绍。如图 3-1 所示，为完成后的项目结构。

图 3-1 完成后的项目结构

知识目标

1. 熟悉插件的作用。
2. 熟悉 SteamVR 的各种概念。
3. 了解 VRTK 的基本功能。

能力目标

1. 会安装 SteamVR Plugin 插件。
2. 会安装 VRTK 插件。

课程思政目标

1. 认识专利保护的重要性。
2. 培养钻研精神。

3.2 我教你学

3.2.1 SteamVR

SteamVR 是由 Valve 公司推出的一套 VR 软、硬件解决方案，由 Valve 公司提供软件支持和硬件标准，授权技术给硬件生产公司，其中包括 HTC VIVE。

我们在讨论 SteamVR 时，不同的情景所指的对象其实是不一样的。当运行一个 VR 程序时，需要提前打开 SteamVR，这个时候指的是 SteamVR Runtime（SteamVR 运行时）；如果是在开发 VR 项目时，需要导入 SteamVR，这个时候指的是 SteamVR Plugin 插件。

SteamVR Runtime 也称为 SteamVR 客户端，在桌面上有一个快捷图标，如图 3-2 所示。要运行 VR 程序，都需要启动 SteamVR 客户端。如图 3-3 所示，表示头显和两个定位器在正常运行状态。

图 3-2　SteamVR 客户端

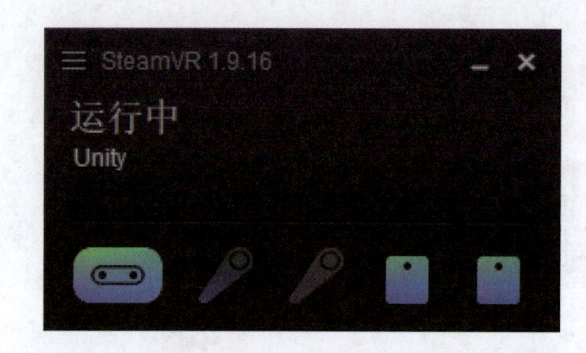

图 3-3　SteamVR Runtime

3.2.2 插件

插件是一种遵循一定规范的应用程序接口而编写出来的程序。Unity 官方提供了很多插件，在 Unity 的资源商店也有很多插件可以购买。下面介绍几款插件：

1．Cinemachine 插件

该插件是官方插件，能实现电影级别的分镜、推拉式镜头等。在 Unity 中可以在 Package Manager 中直接添加进来，如图 3-4 所示。

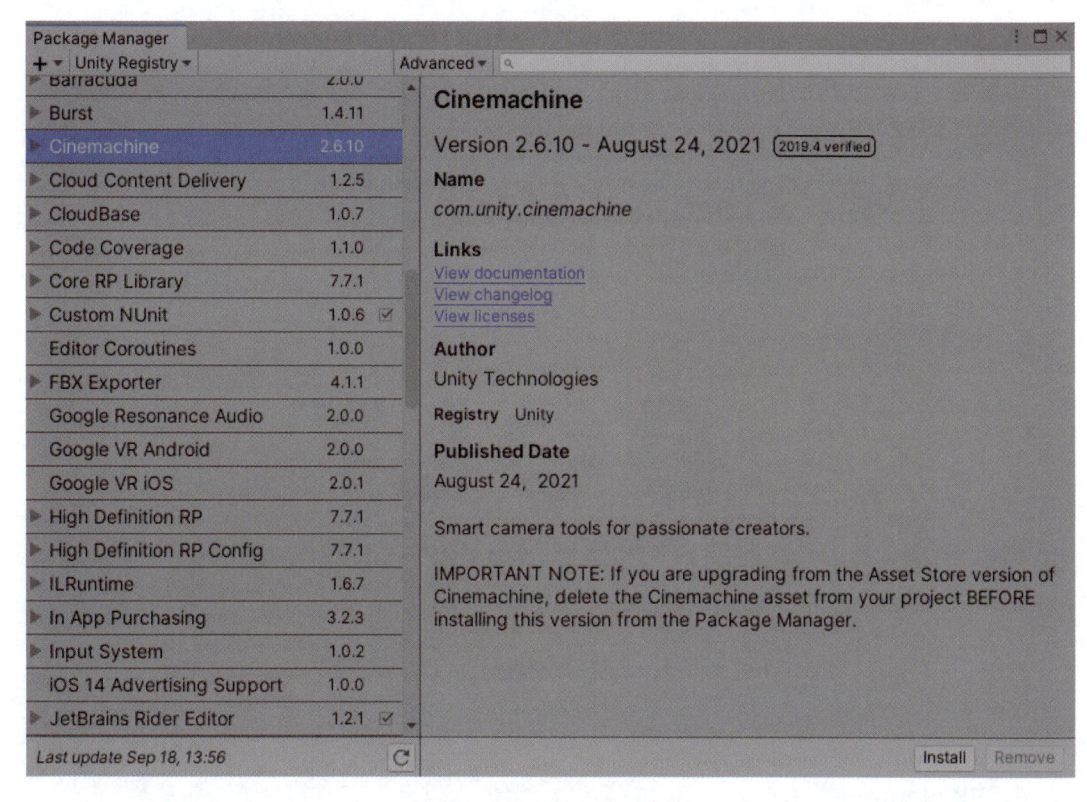

图 3-4 Cinemachine 插件

2. GAIA 2 插件

如图 3-5 所示，GAIA 2 是一款用于 Unity 的多合一地形与场景生成系统，可让用户在数分钟内创建出出色的各种场景。GAIA 2 灵活地给用户全程序、全手动或两者之间的选择，并提供简单、快速和美观的地形生成、纹理、种植和放置，用户可以按偏好使用插件提供的示例资源或者用户自己的资源。

GAIA 2 的核心是一款地形和场景生成系统，它能通过自动化渲染管线、角色、声音、水、天空、动态模糊和光照的设置，让用户在数分钟内运行自己的场景。

图 3-5 GAIA 2 插件

3. Bolt 插件

Bolt 是一种可视化的操作插件,用户无须编写任何代码就可以创建游戏机制和交互系统,如图 3-6 所示。

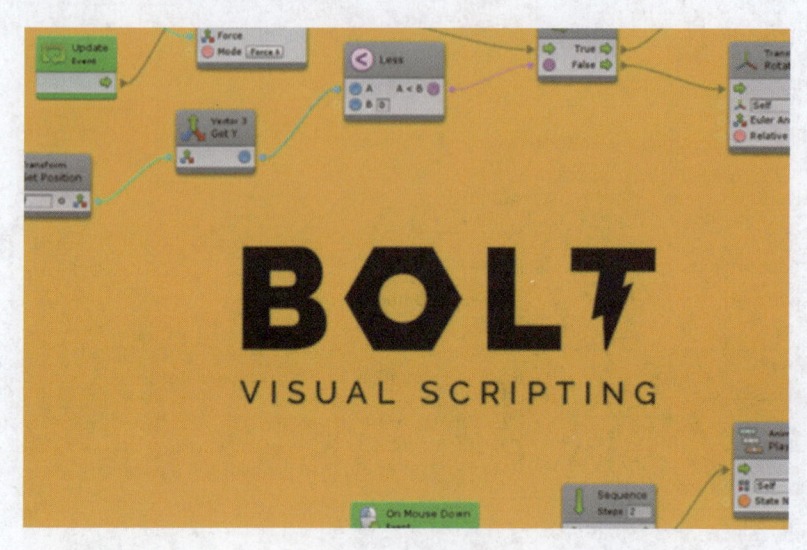

图 3-6　Bolt 插件

4. VRPanorama

VRPanorama Renderer 插件是一款离线渲染系统,可导出立体声全景以及高达 8K 的视频。这是一种快速而简单的渲染全功能的立体全景影片和图像序列的方式,供 VR 头戴设备(如 Oculus Rift、Gear VR 或 Google Cardboard)或在线视频服务(Youtube、VRideo、Milk VR)等使用,如图 3-7 所示。

图 3-7　VRPanorama Renderer 插件

5．Koreographer Professional Edition 插件

该插件可用于创建节奏游戏，让游戏更具电影感，以音乐强化游戏环境以及创建新的控制和音乐带动的游戏，如图 3-8 所示。

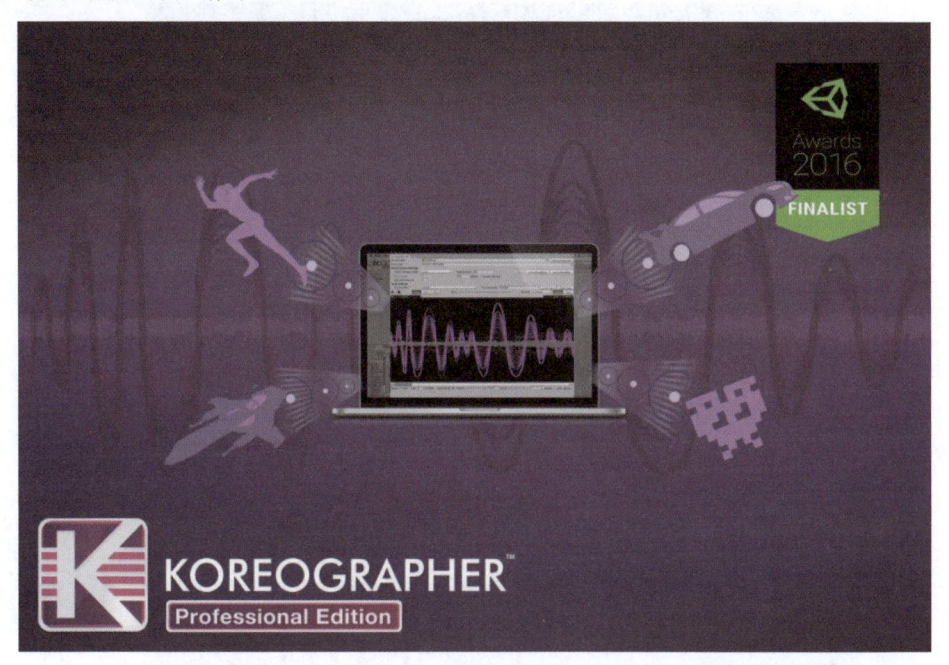

图 3-8　Koreographer Professional Edition 插件

6．Curved UI 插件

Curved UI 是一款制作 VR 游戏的 UI 插件，可以用于制作弯曲画布，如图 3-9 所示。

图 3-9　Curved UI 插件

3.3 你做我导

任务 1　熟悉 SteamVR Plugin 插件

任务导入

SteamVR Plugin 是 HTC VIVE 官方给出的一个方便开发者开发 VR 项目的插件。

任务分析

本任务主要是将 SteamVR Plugin 插件安装到项目中去，如图 3-10 所示。

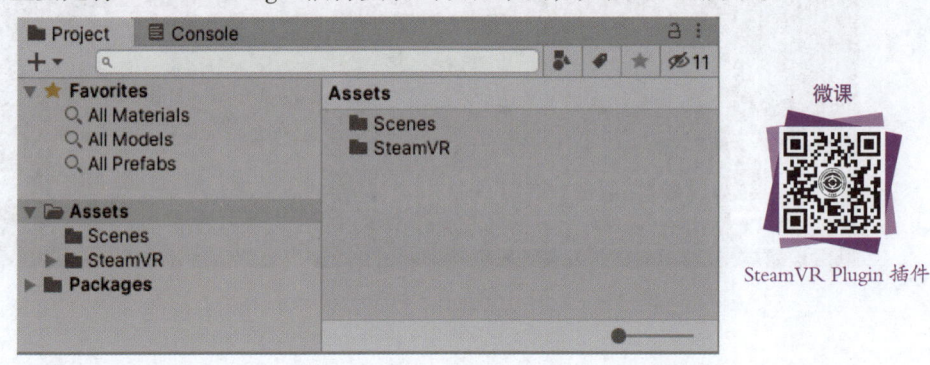

图 3-10　安装完 SteamVR Plugin 的效果

微课

SteamVR Plugin 插件

任务实施

1. 新建虚拟现实项目

步骤❶ 启动 Unity Hub，如图 3-11 所示。

图 3-11　启动 Unity Hub

步骤❷ 新建项目，名称为 VRMuseum，如图 3-12 所示。

图 3-12　新建项目（1）

步骤❸ 单击"创建"按钮，完成创建项目。

2. 获取 SteamVR Plugin 插件

从本书配套资源中获取 SteamVR Plugin 插件，版本为 V1.2.3。SteamVR Plugin 插件资源包，如图 3-13 所示。

图 3-13　SteamVR Plugin 插件资源包

3. 加载 SteamVR Plugin 插件

步骤❶ 双击 SteamVR Plugin 插件资源包进行加载。

步骤❷ 在弹出的对话框中单击"Import"按钮，将全部资源加载进项目，如图 3-14 所示。

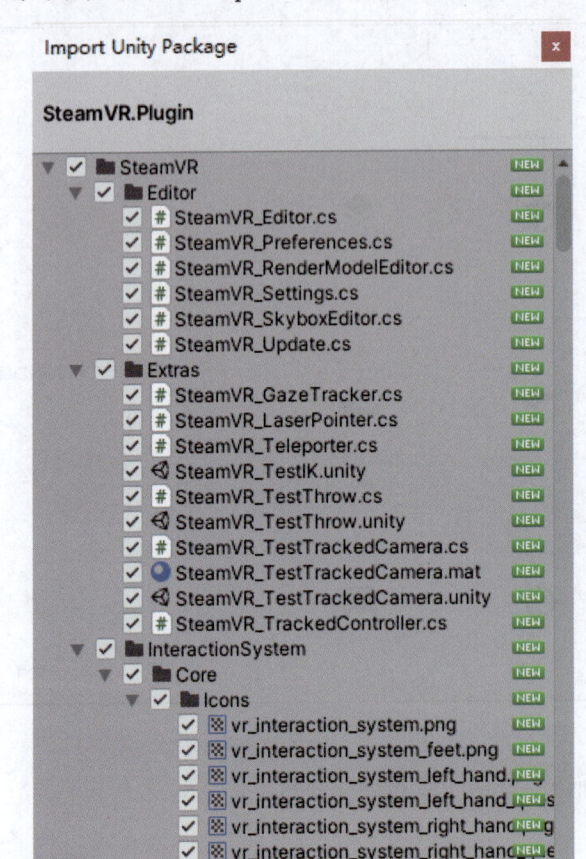

图 3-14 加载 SteamVR Plugin 插件

步骤❸ 在弹出的对话框中单击"I Made a Backup.Go Ahead!"按钮，如图 3-15 所示，完成 API 的更新。

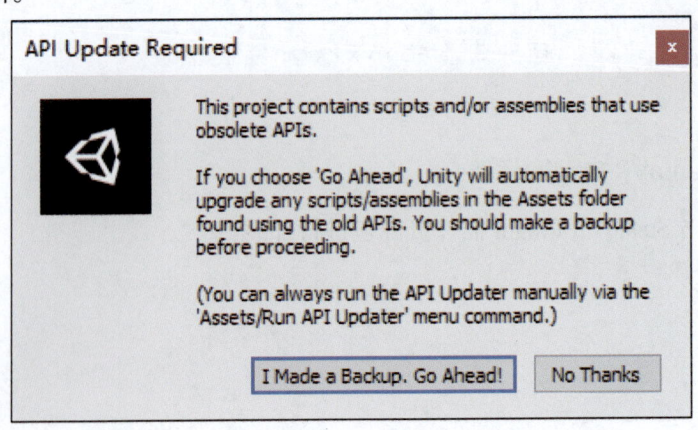

图 3-15 更新 API

步骤❹ 在弹出的对话框中单击"Accept All"按钮，如图3-16所示。进行SteamVR设置，完成后会给出一个提示对话框，如图3-17所示。

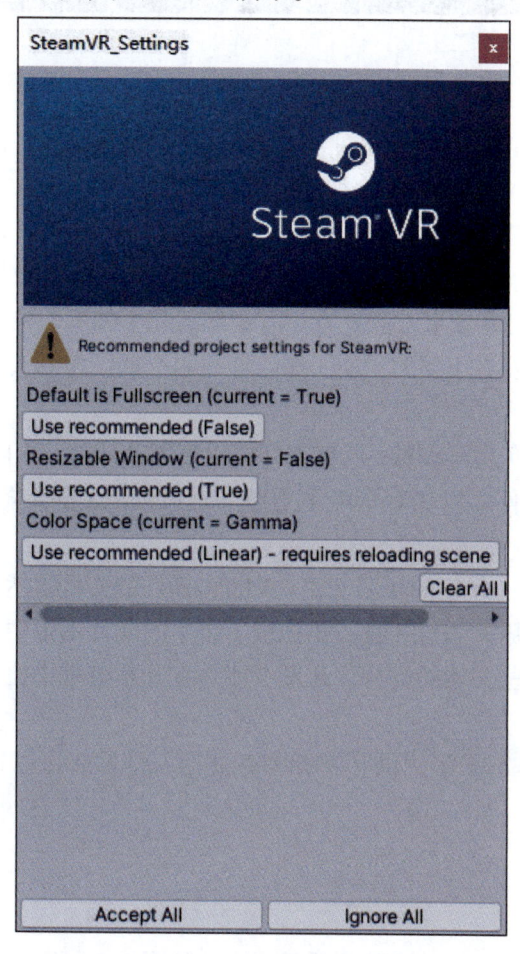

图 3-16　SteamVR 设置

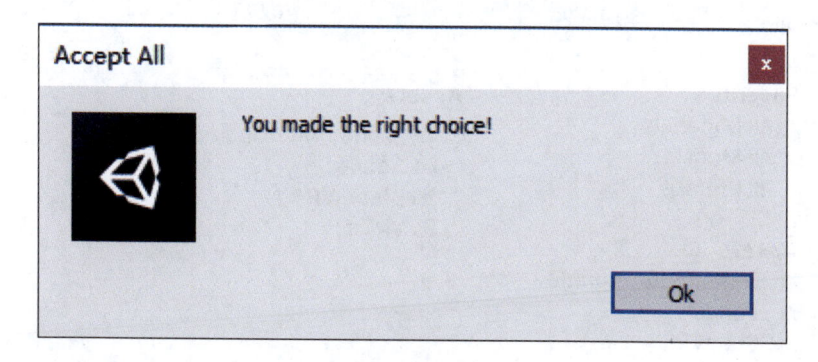

图 3-17　设置完成提示对话框

步骤❺ 设置完成后，项目的结构如图3-10所示。

任务 2 熟悉 VRTK 插件

任务导入

VRTK 全称是 Virtual Reality Toolkit，前身是 SteamVR Toolkit，由于后续版本开始支持其他 VR 平台的 SDK，如 Oculus、Daydream、GearVR 等，后改名为 VRTK，它是使用 Unity 进行 VR 交互开发的利器，以"二八原则"来看，开发者可以使用 20% 的时间完成 80% 的 VR 交互开发内容。VRTK 插件能实现 VR 开发中大部分交互效果，开发者只需要挂载几个脚本，然后设置相关的属性，就能实现开发者想要的功能，如能够控制手柄，控制头盔等。

VRTK 的特点：

（1）VRTK 插件是免费开源的。所有人都可以使用该插件，并且可以根据自己的需求，修改其中的代码。该插件可以从 Github 上下载，也可以从 Unity 资源商店直接搜索 VRTK 下载。

（2）VRTK 插件拥有丰富的说明文档。VRTK 插件的文档多达二百多页，细化到每个函数和参数的作用及使用方法。并且，在挂载了脚本的属性面板中，鼠标悬停即可显示当前属性的说明，通过这些文档的支持，开发者能够在开发过程中比较顺利地使用这个工具集合提供的各项功能。

（3）VRTK 拥有丰富的案例供开发者参考使用。开发者可以通过直接使用 VRTK 的案例来开发自己的项目。

任务分析

本任务主要是将 VRTK 插件安装到项目中去，如图 3-18 所示。

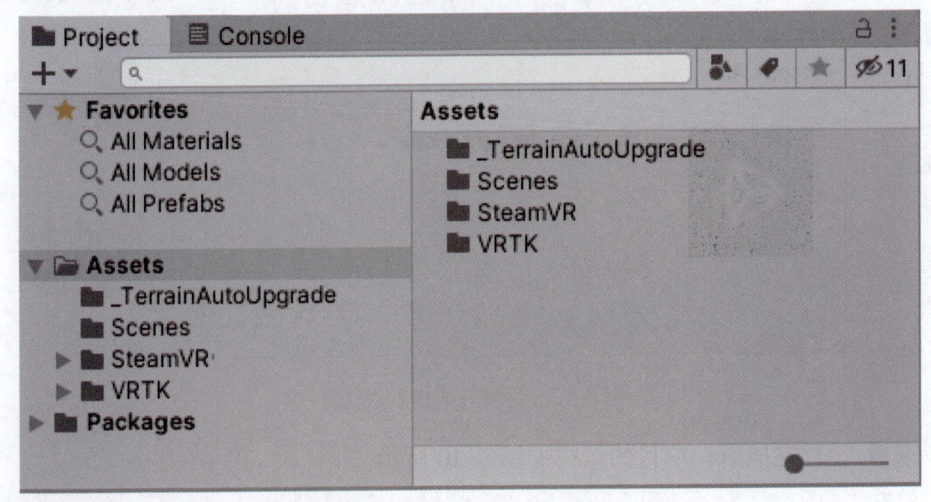

图 3-18　安装完 VRTK 的效果

任务实施

1. 获取 VRTK 插件

从本书配套资源中获取 VRTK 插件,版本为 V3.3。如图 3-19 所示,为 VRTK 插件资源包。

图 3-19　VRTK 插件资源包

2. 加载 VRTK 插件

步骤❶ 双击 VRTK 插件资源包进行加载。

步骤❷ 在弹出的对话框中单击"Import"按钮,将全部资源加载进项目,如图 3-20 所示。

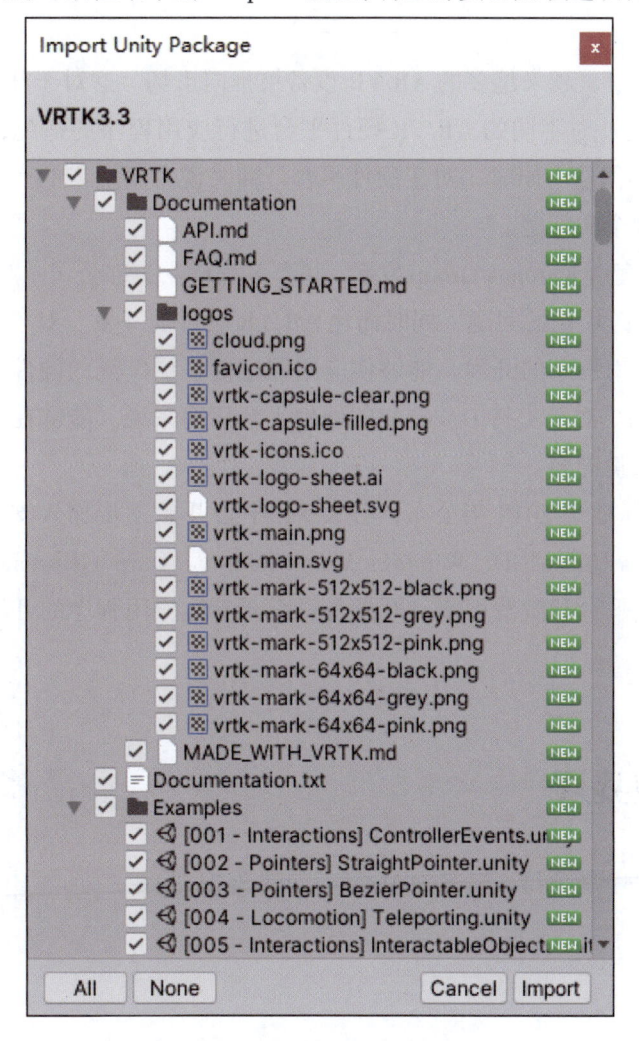

图 3-20　加载 VTTK 插件

步骤❸ 安装完成后,项目的结构如图 3-18 所示。

3.4 知识拓展

1. OpenVR

OpenVR 是 Valve 公司开发的一套包含一系列 SDK 和 API 的工具集，旨在从驱动层级为硬件厂商提供软、硬件开发支持。硬件设备制造商可以为设备开发 OpenVR 驱动程序，以使设备能够运行在 SteamVR 平台上。

虽然 OpenVR 是 HTC VIVE 默认使用的驱动程序，但它的开发目的是得到更多厂商的支持。OpenVR 也提供了一套开发标准，但是相较于 OpenXR，其覆盖范围相对较小，另外，Valve 从 SteamVR 客户端 1.16 开始，已经对 OpenXR 标准进行了全面的支持。

2. OpenXR

随着行业的发展，越来越多的 AR/VR 设备被推向市场。这对于开发者来说，面临的重要议题之一便是针对不同的 AR/VR 硬件平台进行应用程序的适配，这将带来一部分额外且不必要的工作量。同时，对于硬件平台厂商来说，新上市的产品面临着内容严重不足、生态急需健全的问题。

OpenXR 是一套由 Khronos Group 发起，联合多家行业头部公司一起制定的开放标准，旨在解决 XR 平台碎片化的问题，同时简化 AR/VR 软件的开发。对于开发者来说，基于此标准进行 XR 应用程序的开发，能够使应用程序覆盖更广泛的硬件平台，同时无须移植或重新编写代码。对于支持 OpenXR 的硬件平台厂商来说，能够在产品发布时即拥有可运行在其上的大量内容。

OpenXR 1.0 标准于 2019 年公布，各大 XR 平台开始逐步加入支持 OpenXR 标准的行列，包括 Oculus Quest/Rift、Windows Mixed Reality、Unity、Unreal Engine、SteamVR 等目前主流的 VR 平台和游戏引擎。开发者只需要专注应用程序的开发而不是各平台的交互适配问题。

3.5 你做我评

步骤❶ 创建一个新项目，命名为 MyCS，如图 3-21 所示。

图 3-21 新建项目（2）

步骤❷ 将 SteamVR Plugin 和 VRTK 导入 MyCS 项目中，如图 3-22、图 3-23 所示。

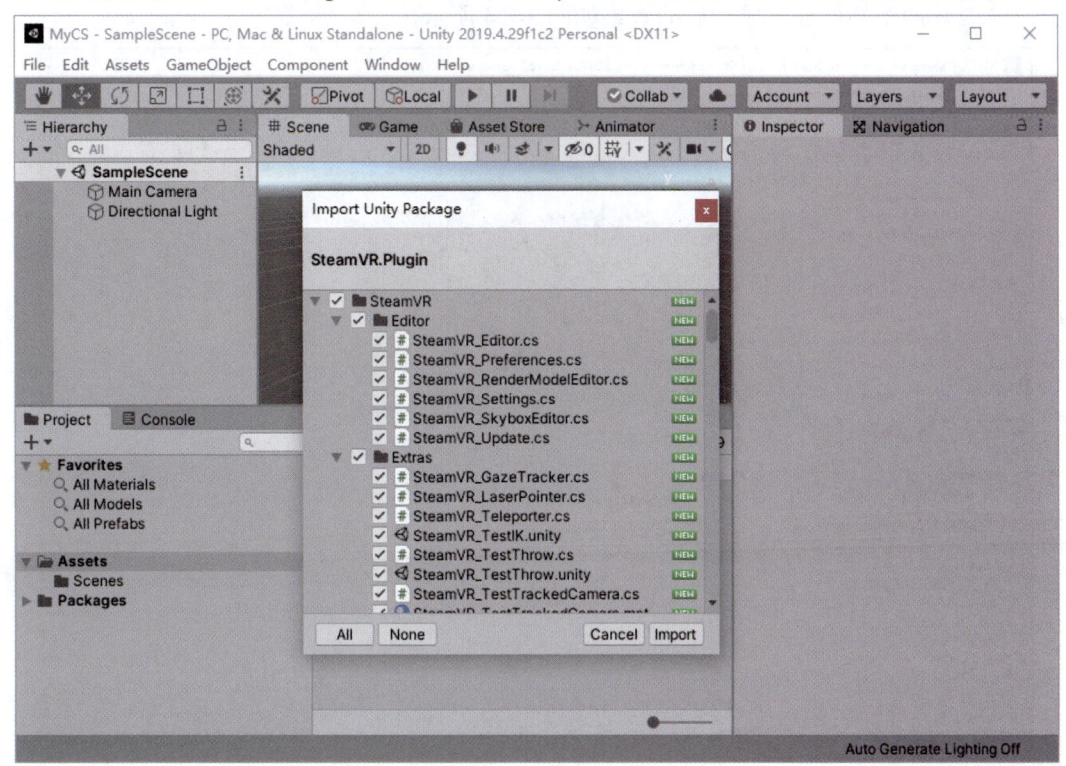

图 3-22 导入 SteamVR Plugin

77

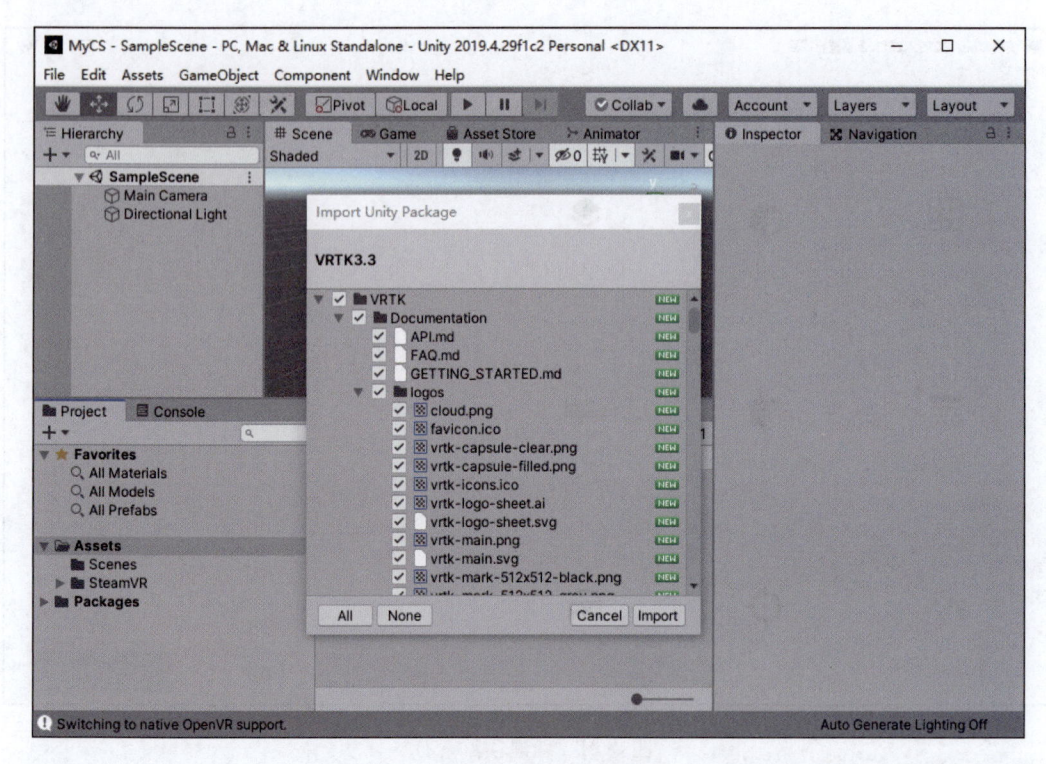

图 3-23 导入 VRTK

步骤❸ 两个插件导入成功后的效果如图 3-24 所示。

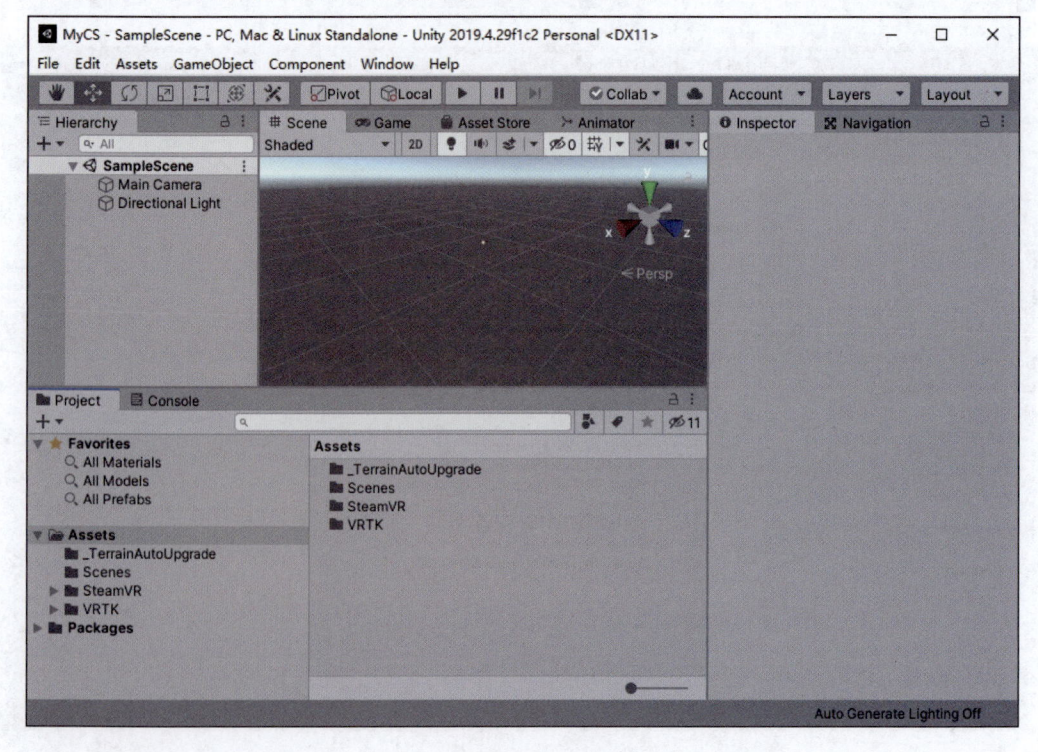

图 3-24 导入成功

3.6 项目小结

通过两个任务的学习，学习者学习了如何安装插件，了解了这两个插件在项目开发中的作用，为今后的虚拟现实项目开发做准备。

习题

1. 简述 SteamVR Plugin 的作用。
2. 简述 VRTK 的作用。
3. 研究 VRTK 的案例，找出并简述三个常用的功能。
4. 在 Unity 资源商店中查找三个对 VR 项目开发有用的插件，并简述它们的功能。

项目 4 搭建虚拟现实项目场景

4.1 项目描述

本项目主要讲解如何将场景加载进项目,在场景中摆放展示物品,如何搭建一个 VR 运行环境并运行 VR 程序。

知识目标

- 1. 熟悉场景的概念。
- 2. 熟悉资源获取的方法。
- 3. 熟悉搭建一个 VR 运行环境的方法。

能力目标

- 1. 会将场景加载进项目。
- 2. 会摆放展厅物品。
- 3. 会搭建 VR 运行环境。
- 4. 会运行 VR 程序。

课程思政目标

- 1. 培养爱国情怀。
- 2. 培养弘扬中华传统的精神。

4.2 我教你学

4.2.1 场景

这里所说的场景就是指在游戏中所看到的物品、建筑、人物、背景、声音、特效等，基本上和我们玩游戏时所看到的游戏"场景"是同一个概念。

Unity 3D 中，场景是一个视图，我们通过场景这个视图来编辑、布置游戏中玩家所能见到的图像和声音。如图 4-1 就是一个空场景。

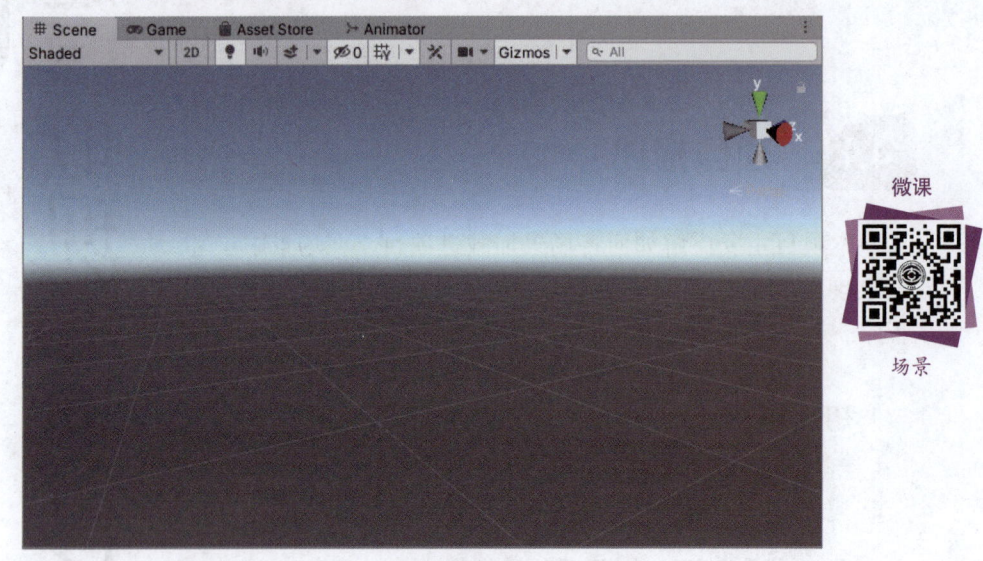

图 4-1　场景视图

4.2.2 资源

Unity 资源包括图片、声音、视频、模型、脚本等。很多资源都可以从 Unity 提供的资源商店里面购买，如图 4-2 所示。

图 4-2　资源商店

4.3 你做我导

任务 1 场景搭建

任务导入

虚拟现实项目场景非常重要,用户进入项目首先看到的就是场景内容,这就需要我们将场景搭建好,对场景进行调整,精益求精。

微课

场景搭建

任务分析

本任务主要是搭建月湖 VR 展馆的场景,将场景资源加载进来,并进行调整。如图 4-3 所示,将 museum 资源包加载进项目。

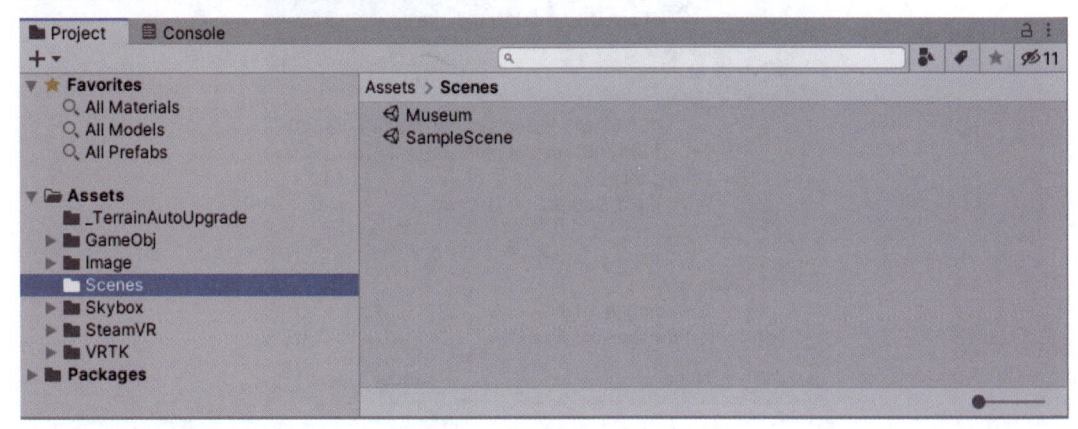

图 4-3 项目结构(1)

任务实施

1. 获取场景资源

从本书配套资源中获取场景资源。如图 4-4 所示,为 museum 场景资源包。

图 4-4 museum 场景资源包

2. 加载场景资源

步骤❶ 双击 museum.unitypackage,进行资源包加载。

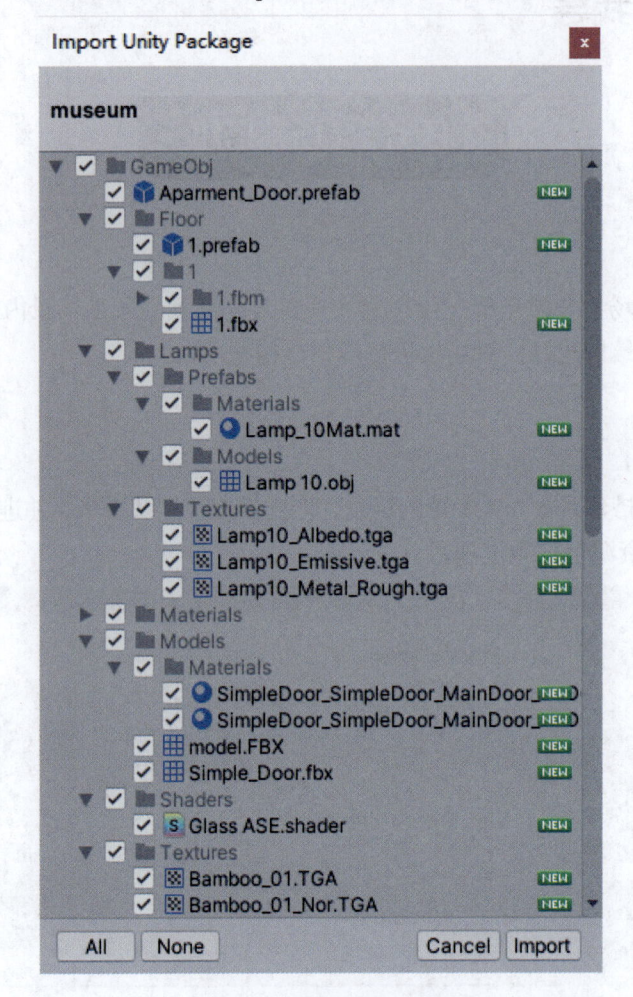

步骤❷ 在弹出的对话框中单击"Import"按钮,将全部资源加载进项目,如图 4-5 所示。

图 4-5 加载场景资源

步骤❸ 安装完成后,项目的结构如图 4-3 所示。

3. 场景搭建

步骤❶ 双击"Museum"场景,将场景加载进项目,如图 4-6 所示。

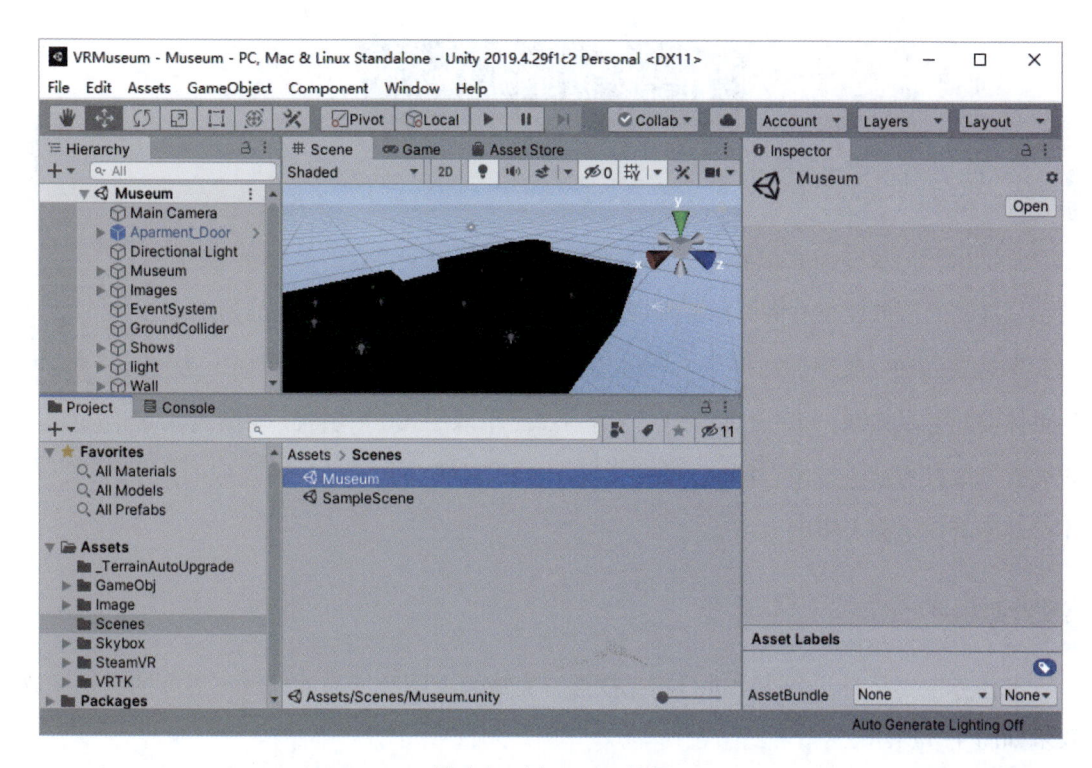

图 4-6 Museum 场景

步骤❷ 进入展馆内景,如图 4-7 所示。对展馆进行初步检查。

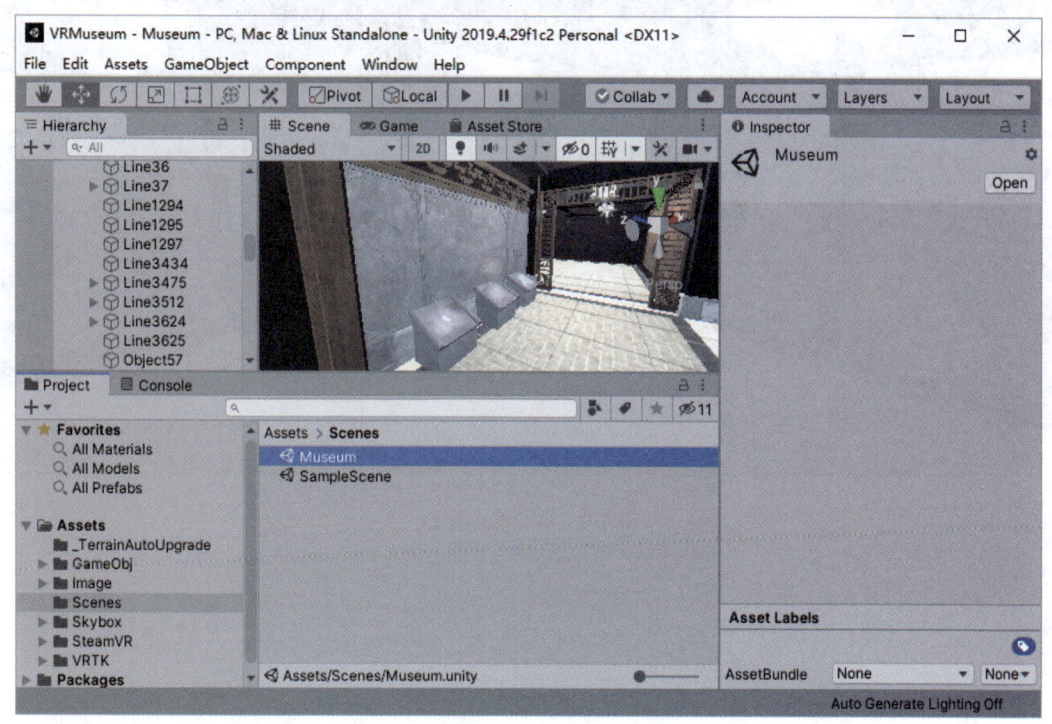

图 4-7 展馆内景

任务 2 展厅物品摆放

任务导入

一般展馆的展厅主要是展示展品的地方,需要将很多图片、实物等进行展示。展品的摆放也很有讲究。各种展品都有其独特的审美特征,在陈列中,应在保持展品独立美感的前提下,通过艺术造型,使各种展品巧妙布局,达到整体美的艺术效果。可采用形象式、艺术字式、单双层式、多层式、均衡式、斜坡式等多种方式进行组合摆放,赋予展品陈列以高雅的艺术品位和强烈的艺术魅力,从而对消费者产生强大吸引力。

微课
展厅物品摆放

任务分析

本任务主要是对几个展厅进行物品摆放,完成墙上图片展品的摆放。展厅的图片摆放效果如图 4-8 所示。

图 4-8 摆放展品图片

任务实施

1. 获取图片资源

从本书配套资源中获取图片资源。如图 4-9 所示,图片资源在"image"文件夹中。

图 4-9 图片资源

2. 设置第一个展厅

步骤❶ 为项目添加一个 image 控件。

步骤❷ 在 Inspector 面板中，设置 Canvas。将"Render Mode"设置为"World Space"，然后再设置"Rect Transform"的各项值，如图 4-10 所示。

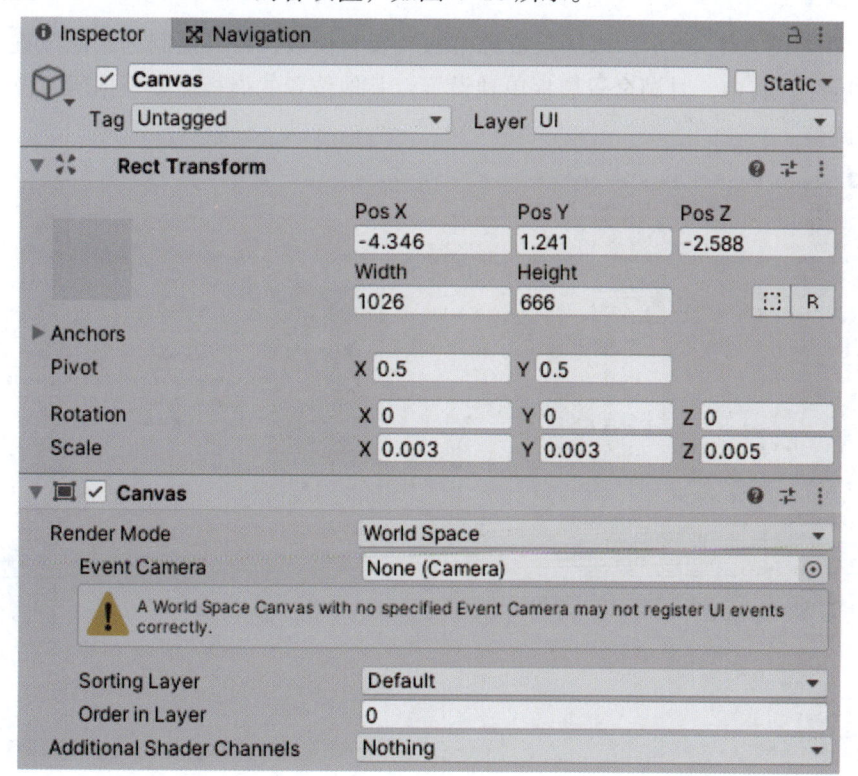

图 4-10 设置 Canvas

步骤❸ 设置 Logo 图片。选择"logo.png",将其"Texture Type"设置为"Sprite(2D and UI)"。

步骤❹ 将 image 控件的"Width"和"Height"都设置为 666,将"Source Image"设置为"logo.png",最后的效果如图 4-11 所示。

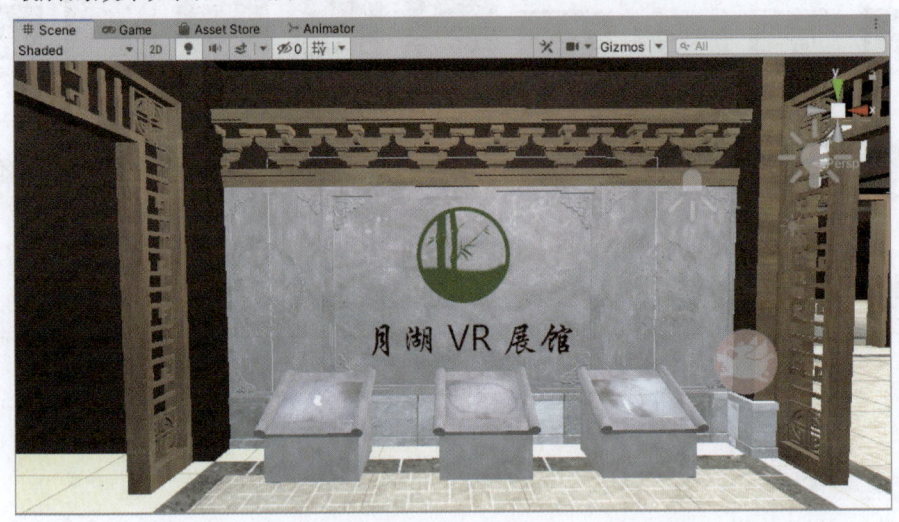

图 4-11 展示效果

3. 设置其他展厅

步骤❶ 如图 4-12 所示,以场景资源中的展板为模板,将其复制到其他位置,以此来布置所有展厅。其中,月湖全景展板单独设置,其他位置的展板需要根据所留位置的大小进行适当调整。

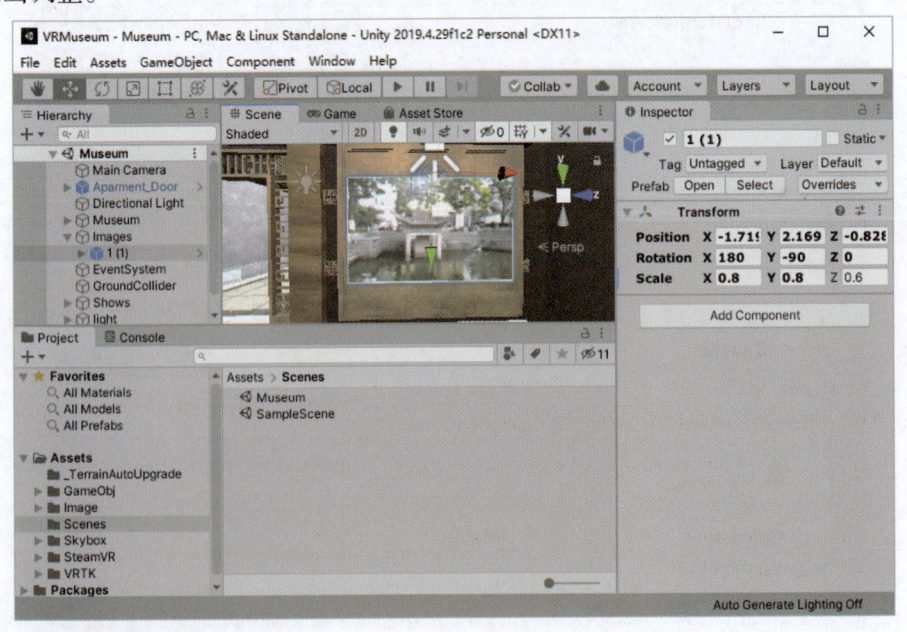

图 4-12 展板

项目 4　搭建虚拟现实项目场景

步骤❷ 将两边立柱拉伸即可制作月湖全景图片的展板，如图 4-13 和图 4-14 所示。

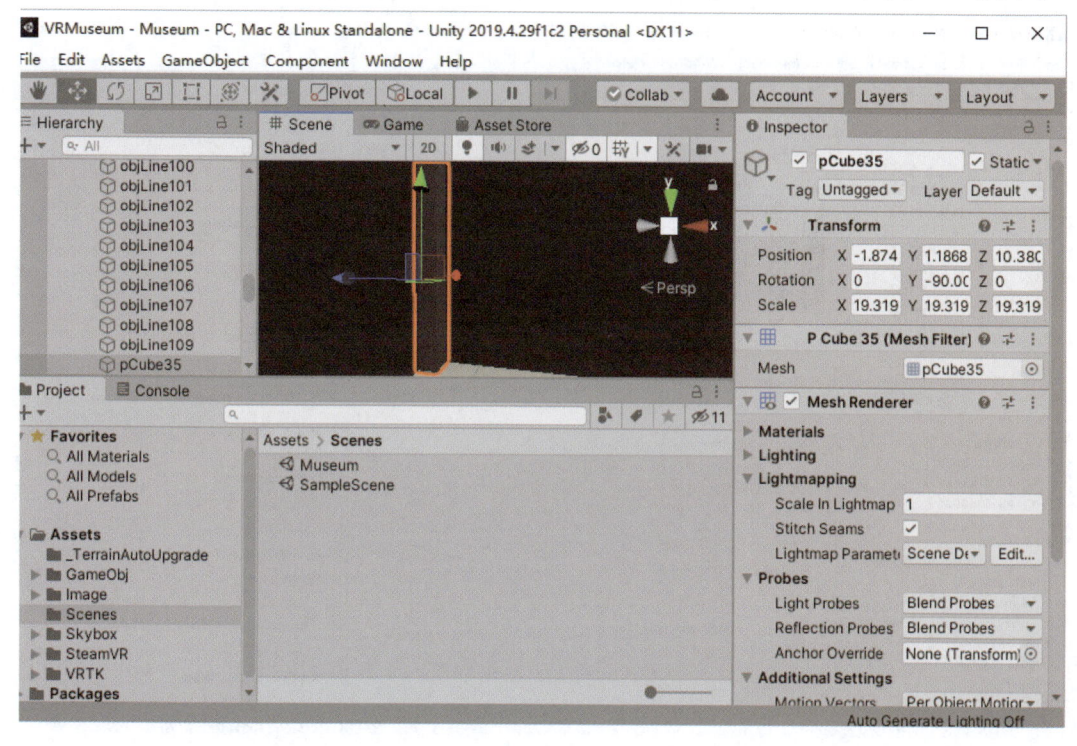

图 4-13　左边立柱

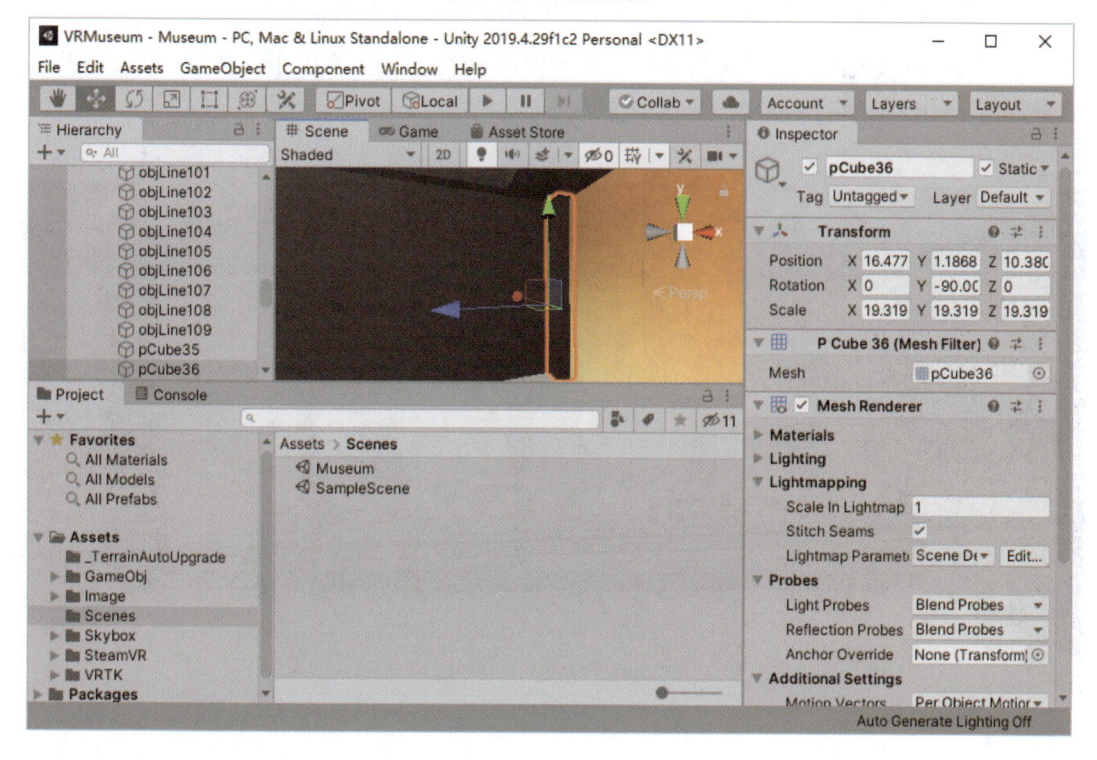

图 4-14　右边立柱

89

拉伸后的效果如图 4-15 所示。

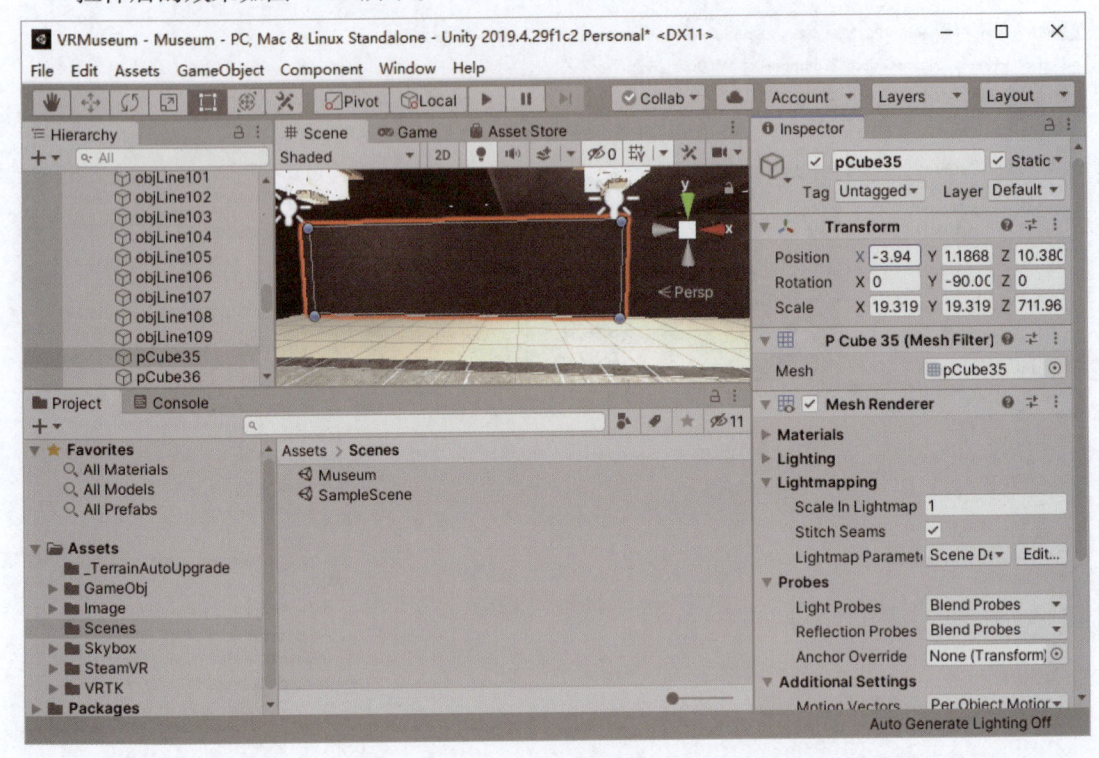

图 4-15　拉伸后效果

步骤❸　将展板内的图片进行替换，图片资源在"image"文件中。替换后各个展厅的效果如图 4-16～图 4-20 所示。

图 4-16　第一个展厅图片

图 4-17　第二个展厅图片

图 4-18　第二个展厅月湖全景图片

图 4-19　第三个展厅图片（1）

图 4-20 第三个展厅图片（2）

拓展

（1）装饰第一个展厅，如摆放一些绿色植物盆景。

（2）在第三个展厅中添加一个牌匾，将"月湖胜景"这个图片贴上去，从网上找一些古香古色的家具来布置该展厅。

任务 3 运行 VR 程序

任务导入

要想运行 VR 程序，需要搭建一个运行环境，使程序能够识别虚拟现实的头显、手柄等。可以利用 SteamVR Plugin 插件来搭建，也可以通过 VRTK 的案例来搭建。

微课

VR 运行场景搭建

任务分析

本任务主要是利用 VRTK 的案例，将案例中的 VR 运行环境搬到我们的项目中来，不用自己再一点点搭建 VR 运行环境，如图 4-21 所示为利用 VRTK 案例搭建 VR 运行环境最后的效果。

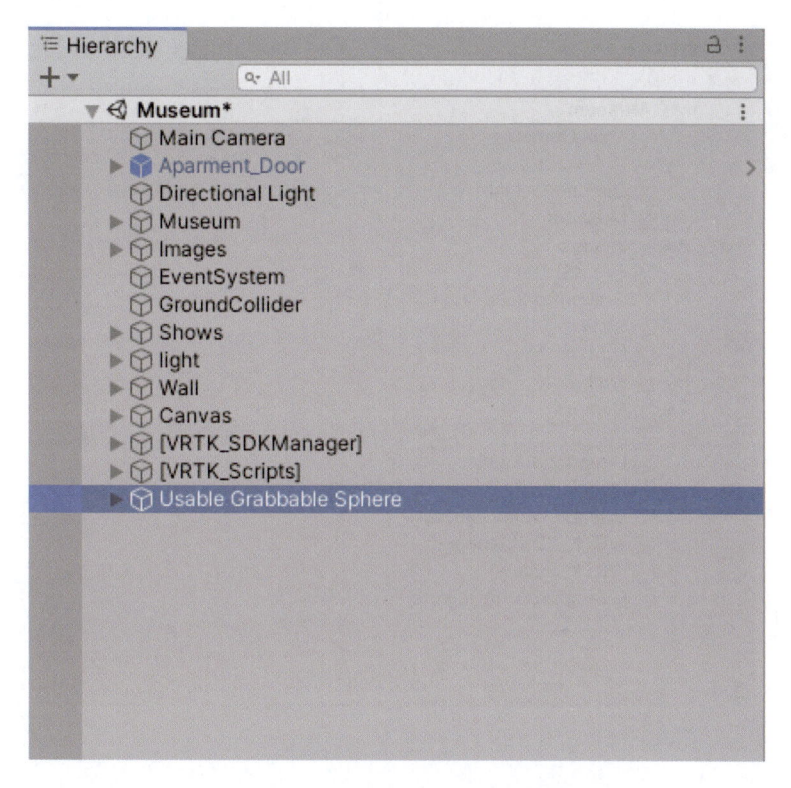

图 4-21　VR 运行环境搭建完成效果

任务实施

步骤❶　导入 036_Controller_CustomCompoundPointer 场景，如图 4-22 和图 4-23 所示。

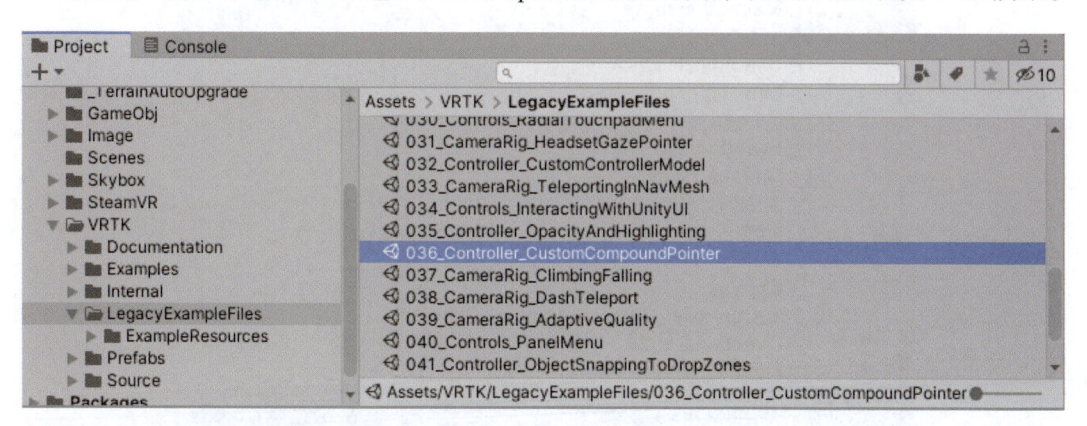

图 4-22　导入场景

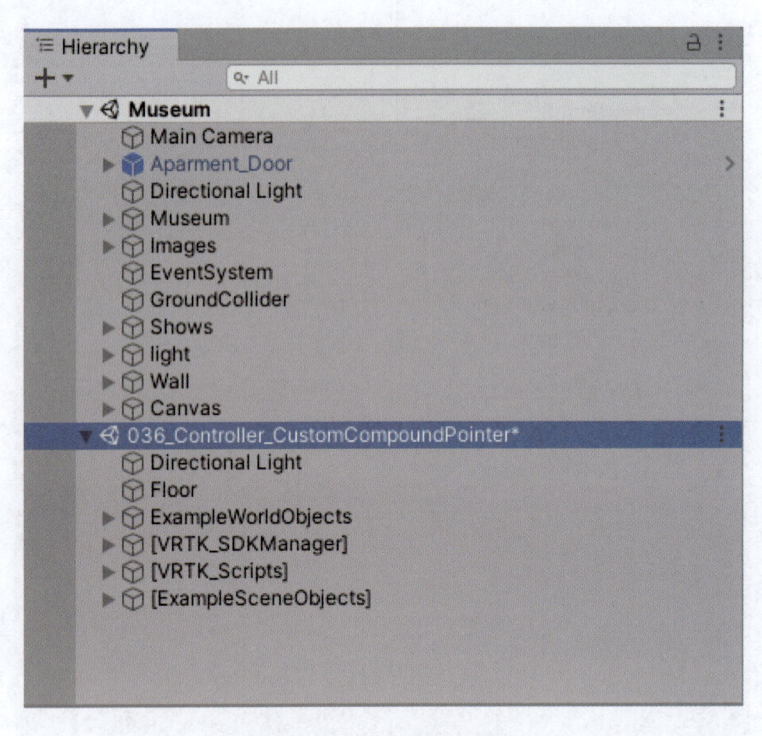

图 4-23 导入场景效果

步骤❷ 获取 "036_Controller_CustomCompoundPointer" 场景资源，选取需要的场景资源，将其拖到 Museum 场景中去，如图 4-24、图 4-25 所示。

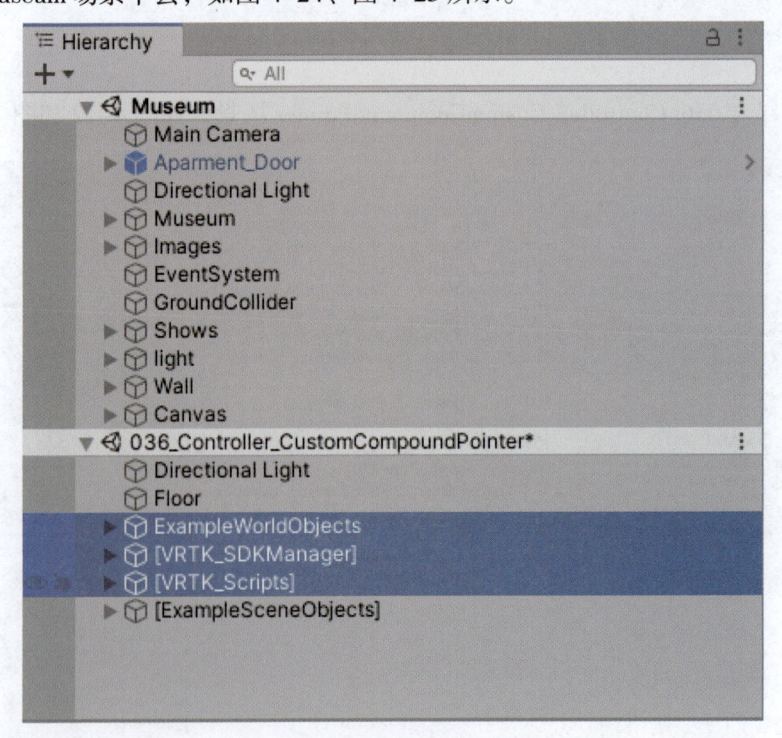

图 4-24 复制场景资源（1）

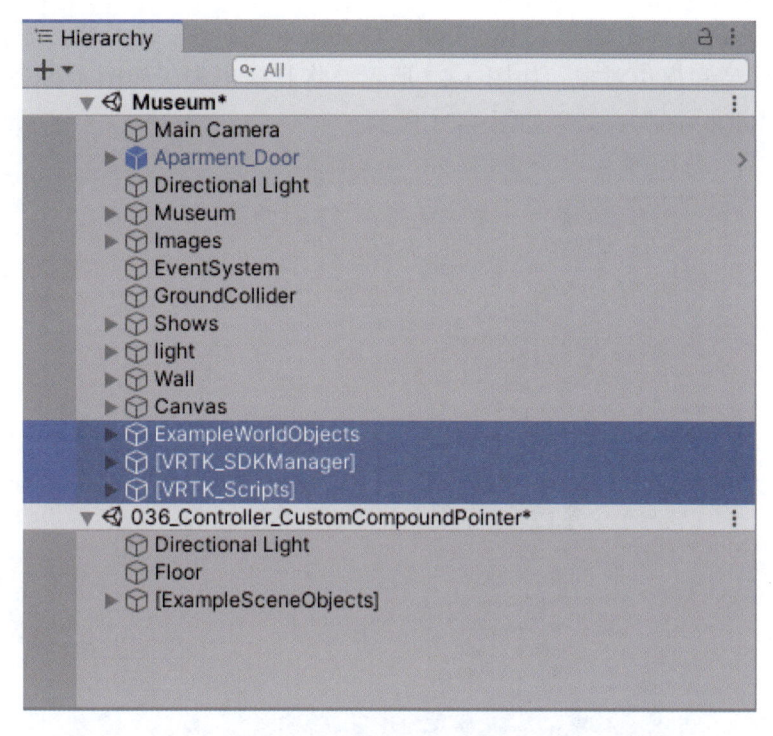

图 4-25 复制场景资源（2）

步骤 5 将场景"036_Controller_CustomCompoundPointer"移除，如图 4-26 所示。

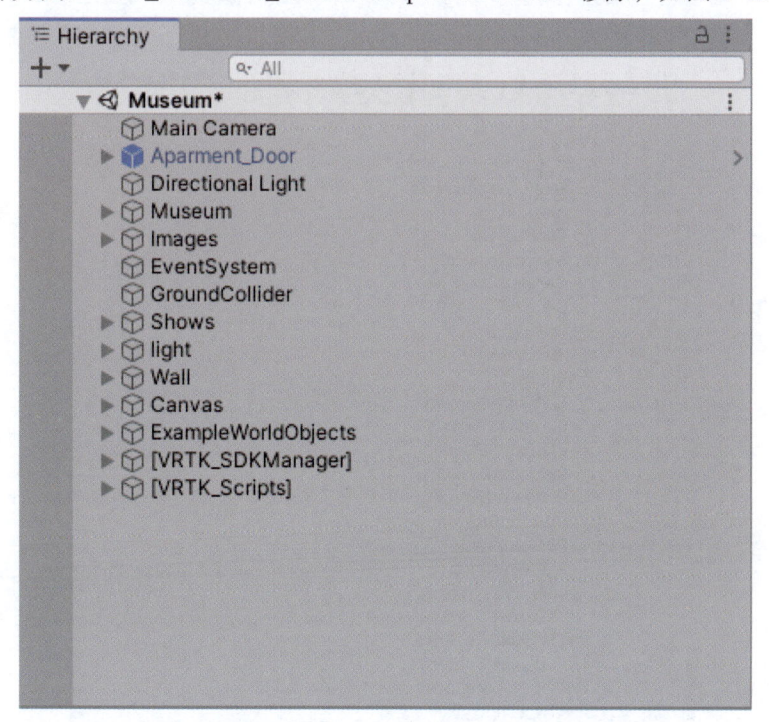

图 4-26 移除"036_Controller_CustomCompoundPointer"场景

步骤 ❹ 找到场景中球形物体"Usable Grabbable Sphere",其将在后续项目开发过程中作为展品和模仿对象,如图 4-27 所示。将其拖出来,如图 4-28 所示,再删除"ExampleWorldObjects",效果如图 4-21 所示。

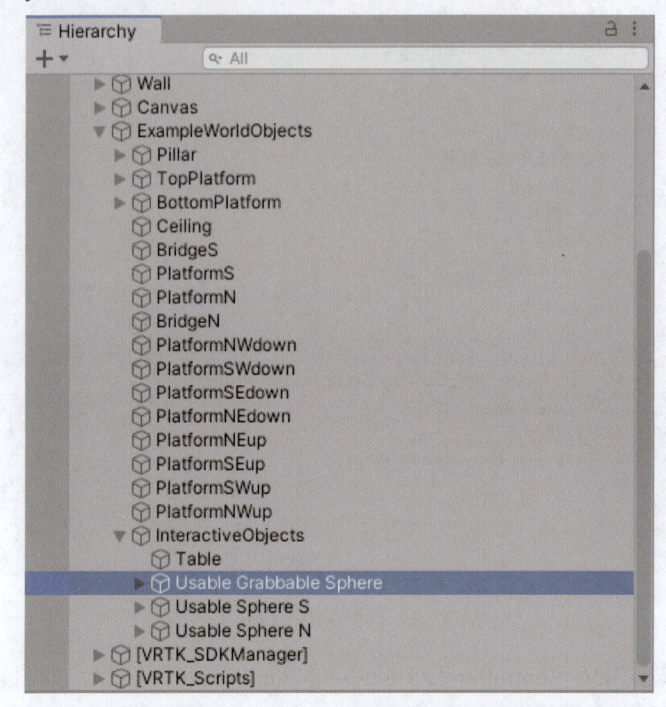

图 4-27　Usable Grabbable Sphere

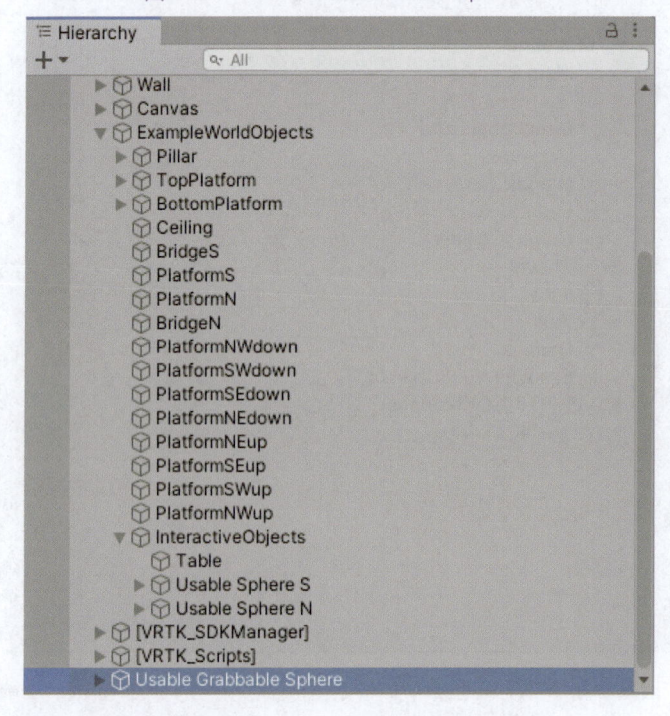

图 4-28　移动"Usable Grabbable Sphere"

步骤❺ 调整头显位置。如图 4-29 所示，选择"SteamVR"，将其移动到展馆门口，如图 4-30 所示。

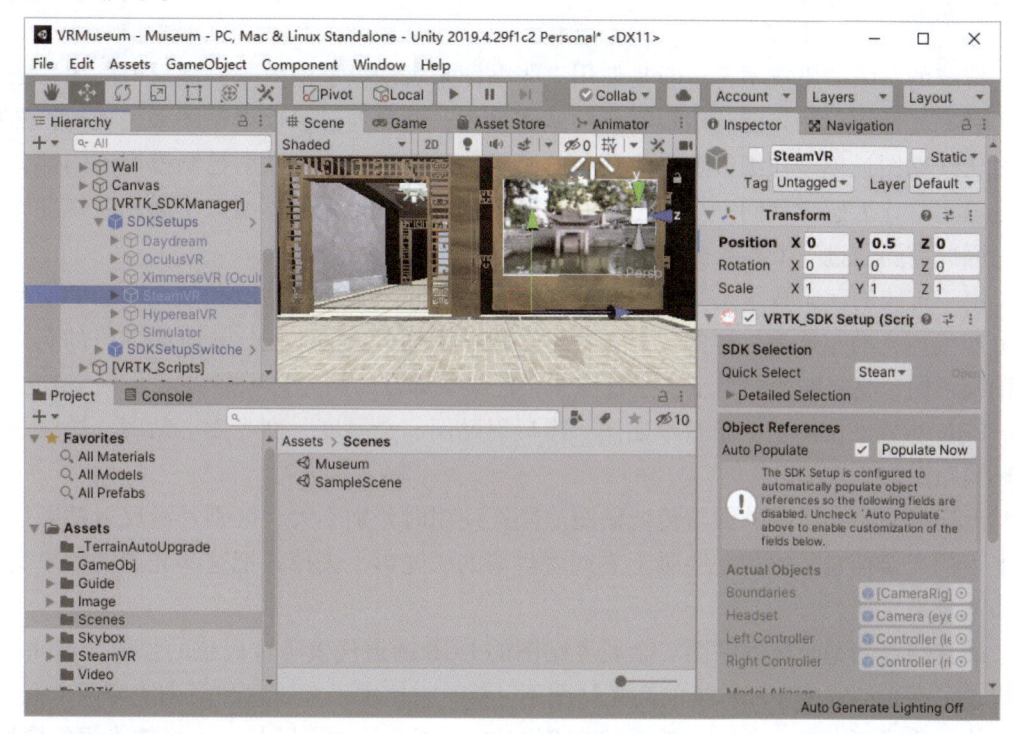

图 4-29 头显位置

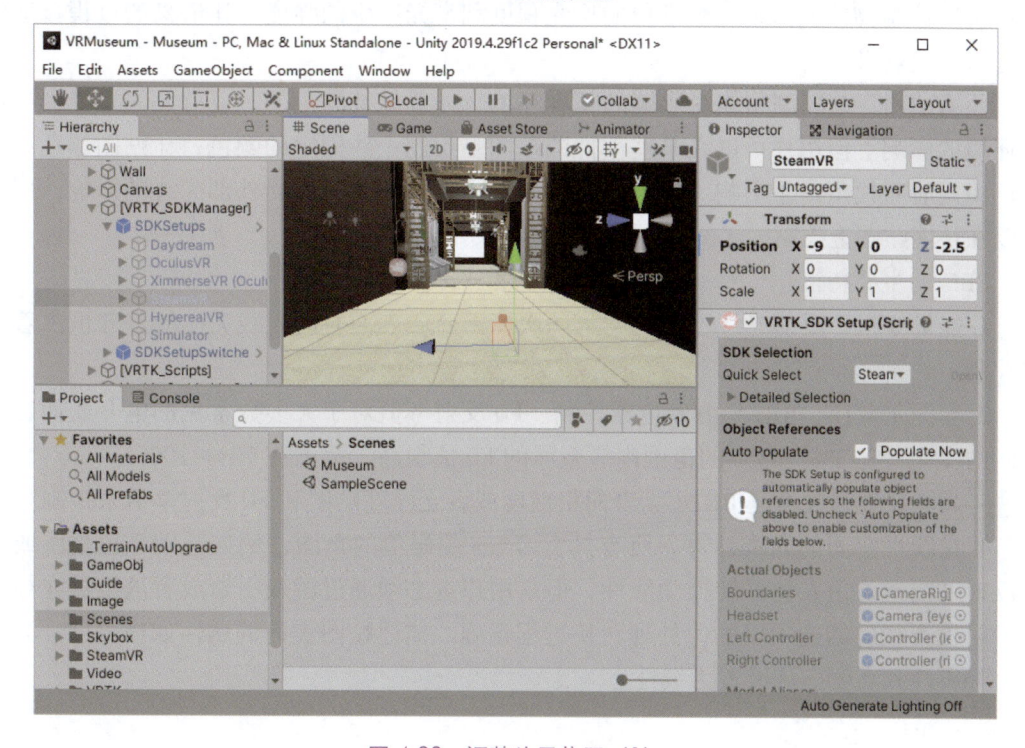

图 4-30 调整头显位置（1）

4.4 知识拓展

传统的贴图渲染技术，一般是使用三张贴图来表现模型的效果：漫反射贴图、法线贴图和高光贴图。物体能让肉眼看到的基本颜色，都是通过漫反射贴图来表现的，然后通过法线贴图让模型在细节上产生凹凸的感觉。最后通过高光贴图控制模型不同部分的高光显示，让人感觉到同一个模型上有不同的质感。由于光照模型产生高光的锐度不一样，因此需要通过一个参数去调节高光的整体锐度。

由于传统的渲染技术是基于贴图的，所以使用同一张法线贴图和高光贴图的模型实际上产生高光的整体是一样的，只是通过法线贴图细节上的不同，让不同部位的高光方向稍微不同，高光贴图相当于一张过滤图，让某些部位的高光显示强弱发生一点变化。

PBR 的渲染使用了四张基本贴图：漫反射贴图、金属度（高光度）贴图、法线贴图和环境贴图。

漫反射贴图和法线贴图与传统贴图渲染在使用时差别不大，区别是漫反射贴图最好把上面的光照信息（比如一些画上去或者烘焙的假光影）去掉，把这些光影的效果交给渲染本身来实现。

最具特点的是金属度贴图。金属度贴图的 RGB 通道代表了金属感的强弱，Alpha 通道代表了高光的锐度。和传统的高光贴图不一样，它使用了金属感和高光锐度两个概念，让物体的质感更丰富。高光贴图只有过滤的功能，而金属度贴图是一种物体表面的属性，用户可以控制物体上面某一个部位的反光程度和高光产生的强度，让渲染的过程自动生成它该有的效果。

环境贴图，是控制物体受影响的基本环境，一般是纯黑色的，也就是完全受周围真实环境的影响。但用户可以在某些部位的贴图上绘制一些固定的颜色，让贴图颜色和真实环境同时对模型产生影响。比如要让某个部位一直发光，不受外部光线的影响，用户可以在环境贴图上控制。

PBR 的主要特征：

1.能量守恒。反射光线不会比它第一次撞击介质表面时的光线亮。能量守恒由着色器控制。

2.菲涅尔效应。BRDF 由着色器控制。F0 反射率值对于大多数常见的电介质而言有轻微的变化，在2%～5%的范围内。金属的 F0 值很高，范围在 70%~100%。

3.高光反射强度通过 BRDF、表面粗糙度或者光泽度贴图和 F0 反射率值来控制。

4.在线性空间的光线计算。所有具有 Gama 编码值的贴图，例如基础颜色贴图或者漫反射贴图通常由着色器转换为线性，但是用户也必须通过游戏引擎或者渲染器在导入图像时检查相应的选项以确保处理转换过程正确。描述贴图表面的属性如粗糙度、光泽度、金属性和高度应该设置为线性。

4.5 你做我评

步骤❶ 将地形相关的资源文件复制到 MyCS\Assets 项目文件夹下，如图 4-31 所示。打开 MyCS 项目，如图 4-32 所示，显示相关文件已经加载进来。

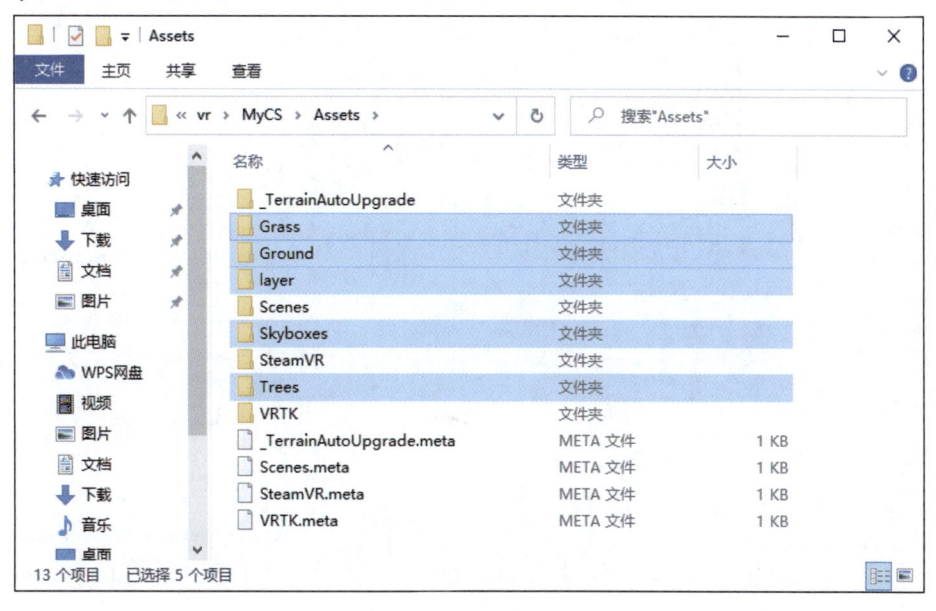

图 4-31 复制资源文件

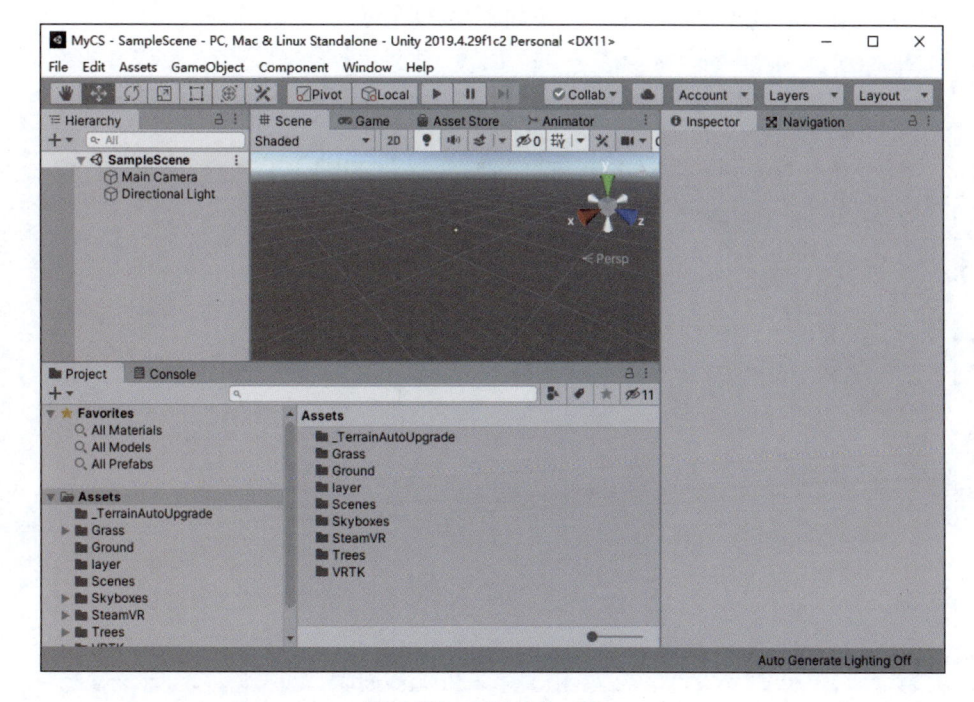

图 4-32 项目结构（2）

步骤② 创建地形，对地形大小进行修改，如图 4-33 所示。

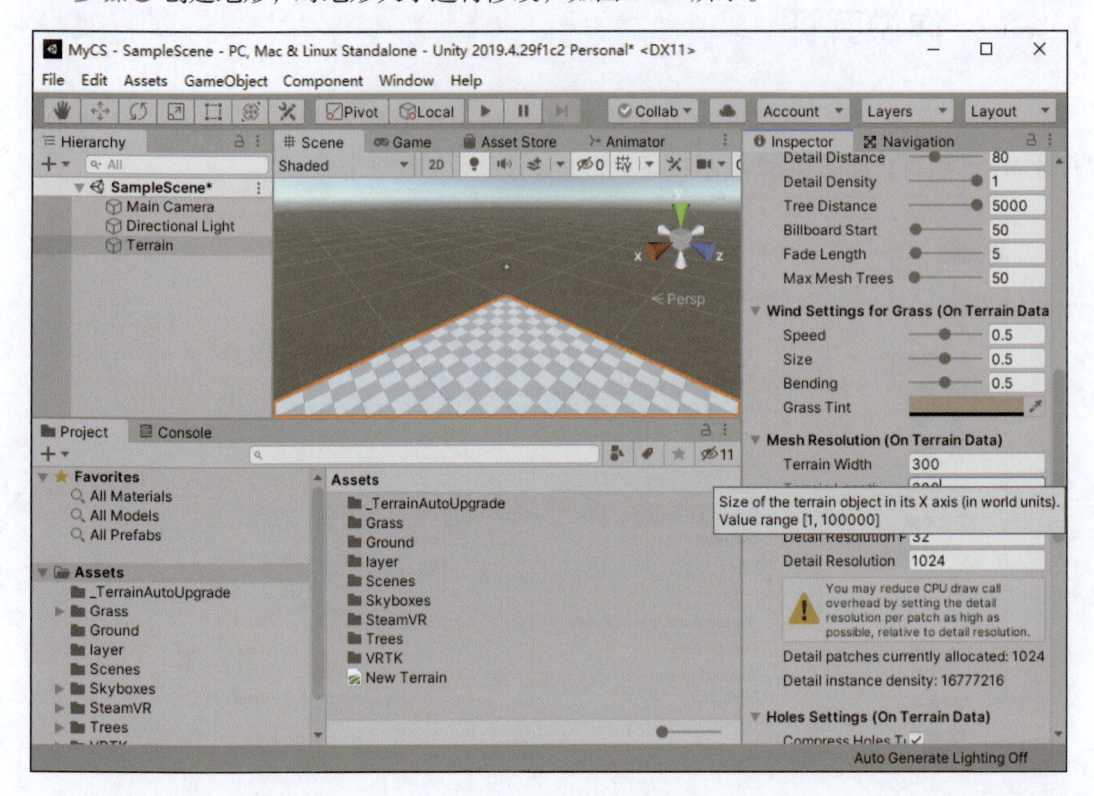

图 4-33　创建地形

步骤③ 在地形上创建一些小山，参考如图 4-34 所示。

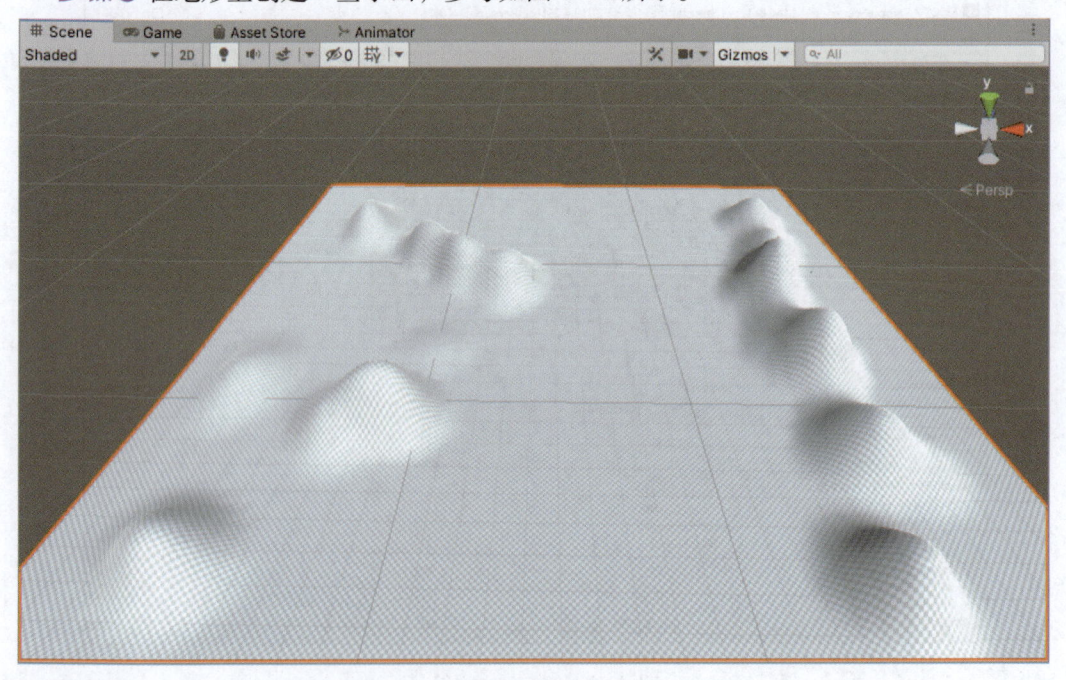

图 4-34　修改地形

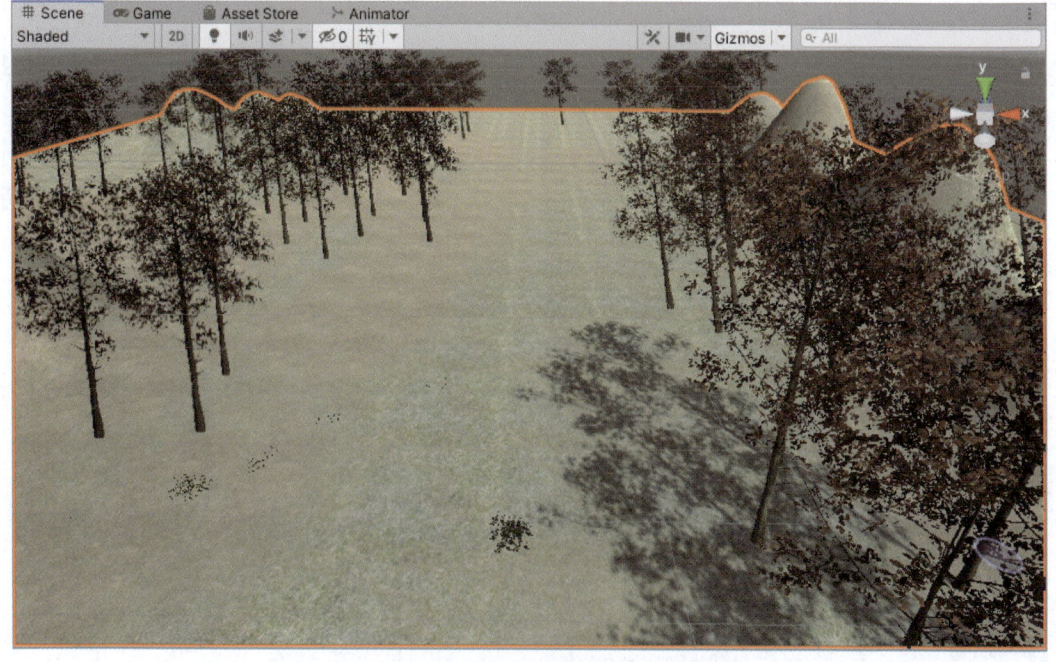

步骤❹ 在地形上添加一些树、草等，如图4-35所示。

图4-35 装饰地形

步骤❺ 添加天空盒，如图4-36所示。

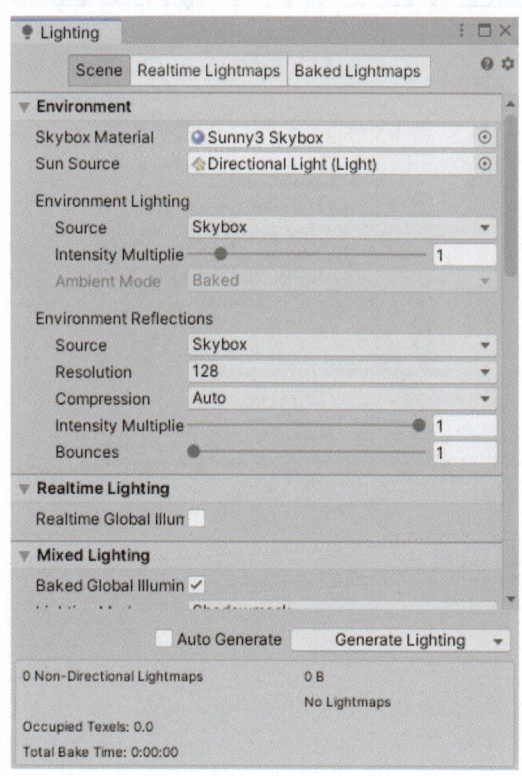

图4-36 添加天空盒

步骤❻ 利用 VRTK 搭建 VR 运行环境，如图 4-37、图 4-38 所示。

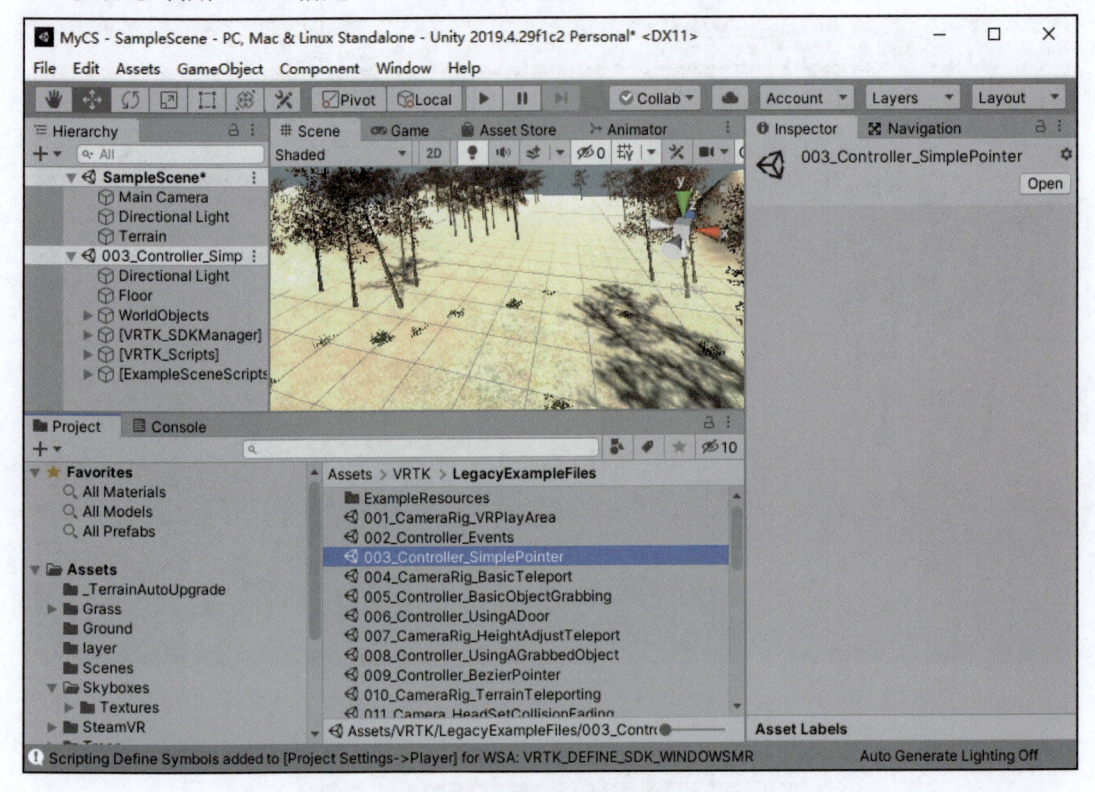

图 4-37　添加 VRTK 案例

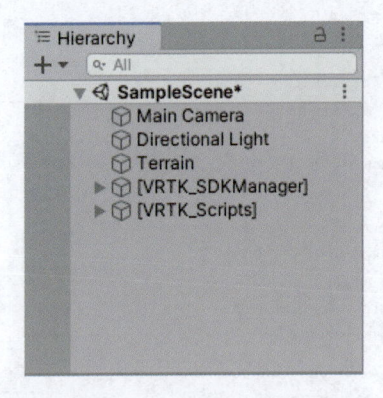

图 4-38　VR 运行环境

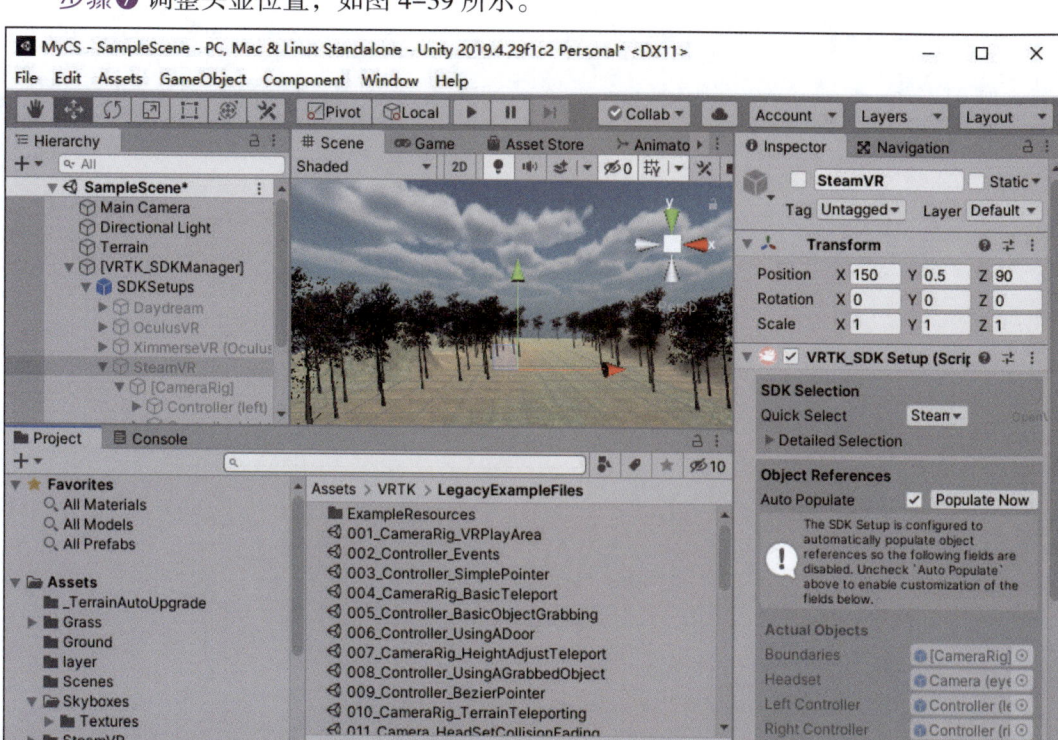

步骤❼ 调整头显位置，如图 4-39 所示。

图 4-39　调整头显位置（2）

4.5　项目小结

通过三个任务的学习，学习者学习了将场景资源加载进项目，根据需要进行场景布置，最后利用 VRTK 的案例搭建了 VR 项目运行环境，实现了一个展馆项目的基本漫游。

习题

1. 简述场景的概念。
2. 列出几种资源类型。
3. 简述怎样将图片放在展厅墙上。
4. 简述如何利用 VRTK 案例搭建 VR 项目运行环境。

项目 5 实现虚拟现实项目交互

5.1 项目描述

虚拟现实项目主要是对项目内的一些物体开发一些交互功能。本项目主要是完成音频和视频的交互、展品交互、讲解员交互、书卷交互、实现全景浏览、场景切换和项目打包。

知识目标

1. 熟悉虚拟现实交互的基本概念。
2. 熟悉触发物品交互的方法。
3. 熟悉全景图片浏览的方法。
4. 熟悉场景切换的方法。

能力目标

1. 会添加音视频文件。
2. 会完成各种虚拟现实的交互。
3. 会实现全景浏览。
4. 会对项目打包发布。

课程思政目标

1. 培养精益求精的工匠精神。
2. 培养团队协作精神。

5.2 我教你学

5.2.1 交互设计

虚拟现实项目中交互的方式很多,我们常用的有凝视、平移、瞬移、抓取等,下面我们对这几种交互方式进行简单介绍。

1. 凝视

转动视野时,视野中心会出现一个小圆圈,然后我们将小圆圈对准想要点击的地方,固定一会就完成了点击的动作。

2. 平移与瞬移

平移就是通过 HTC VIVE 手柄上的圆盘,触碰不同位置进行移动,瞬移就是按住手柄,指着你想移动的地点,然后松开就能移动过去。

3. 抓取

通过手柄可以抓取虚拟场景中的物体,有些项目手柄会变成手的模样,让用户来抓取物体。

5.2.2 项目打包发布

虚拟现实项目打包发布和普通的 Unity 项目打包发布基本一样,下面列出打包时需要注意的一些事项:

(1)打包前必须将项目进行全部保存。

(2)将要调用的 Scenes 全部添加进"Scenes In Build"列表,否则会报错。

(3)将"Target Platfrom"设置为"Windows"。

(4)其他参数可单击"Player Settings"按钮进行设置,除了程序名称和版本,一般选默认,当然也可根据需要调整。

5.3 你做我导

任务 1 音频和视频交互

任务导入

虚拟现实项目很多都要配背景音乐,配乐时要根据项目的特点添加,如博物馆类的项目一般配置比较舒缓的音乐,让人在参观的同时享受一份宁静与平和。除了背景音乐,很多项目也要播放视频,视频能够直接表达设计者的想法,让用户能够很快接收到相关信息。

任务分析

本任务主要是为项目添加背景音乐和添加视频文件,实现播放音乐和播放视频的功能。如图 5-1 所示,给项目添加背景音乐;如图 5-2 所示,设置 Video Player,添加视频文件。

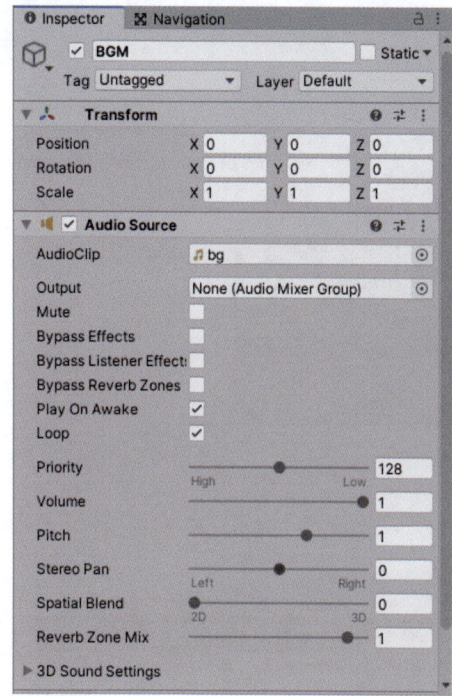

微课

设置背景音乐

图 5-1　添加背景音乐

图 5-2　设置 Video Player

任务实施

1. 获取项目音频和视频资源

从本书提供的项目资源中,将"Video"整个文件夹直接拷贝到项目的"Assets"文件夹下,完成后项目如图 5-3 所示。

图 5-3　添加音频和视频资源

2．添加背景音乐

步骤❶ 在项目的 Hierarchy 中添加一个空物体，如图 5-4 所示。

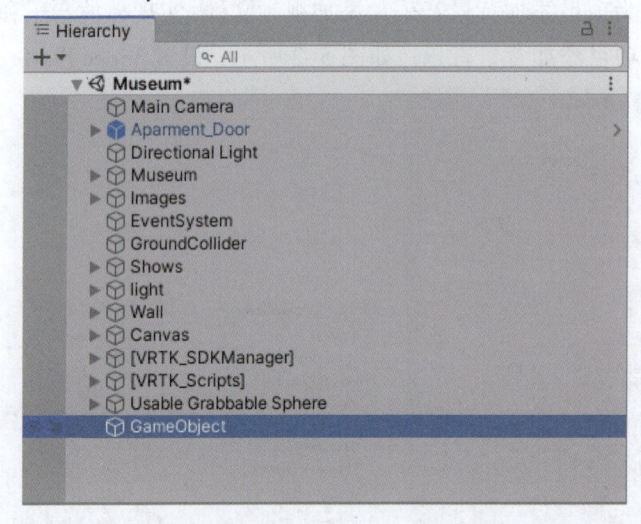

图 5-4　添加空物体

步骤❷ 将空物体命名为 BGM，并将其"Transform"参数重置，如图 5-5 所示。

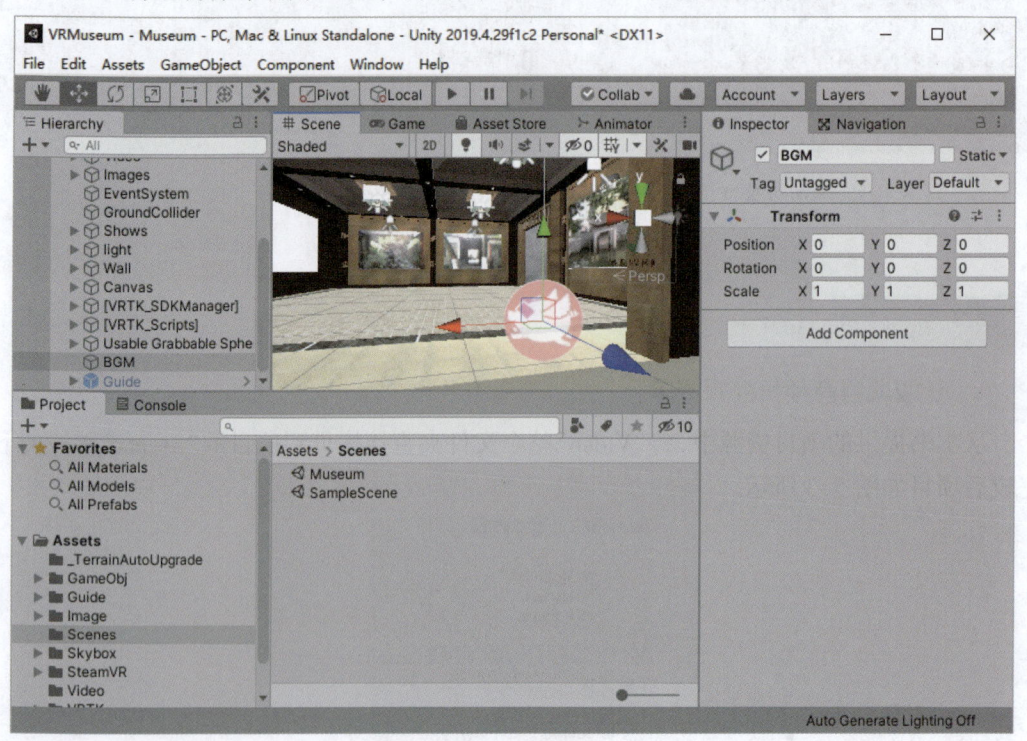

图 5-5　设置背景音乐

步骤❸ 为 BGM 添加一个"Audio Source"组件，将"AudioClip"设置为 bg.mp3，勾选"Loop"选项，用于循环播放，如图 5-6 所示。

3．添加视频

步骤❶ 选择展板的 Holder 物体，如图 5-7 所示。

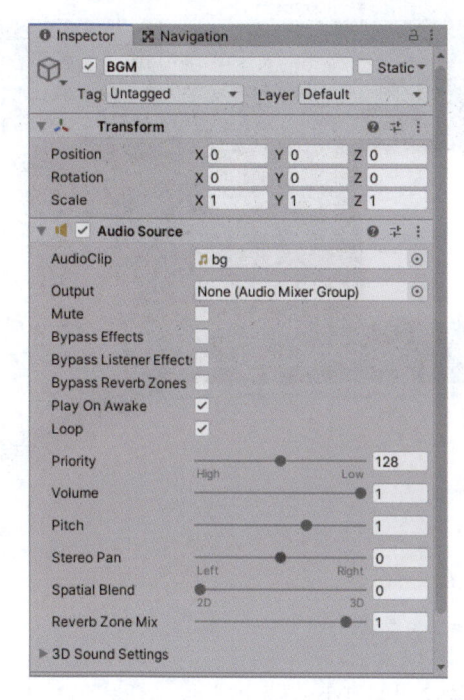

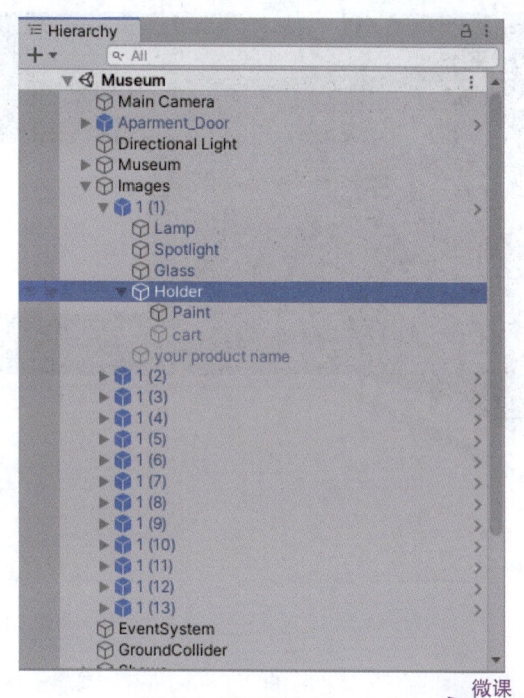

图 5-6　添加背景音乐　　　　　图 5-7　选择 Holder 物体

步骤❷ 复制 Holder 物体，并将其改名为 Video，如图 5-8 所示。

步骤❸ 将 Video 移出来，如图 5-9 所示。

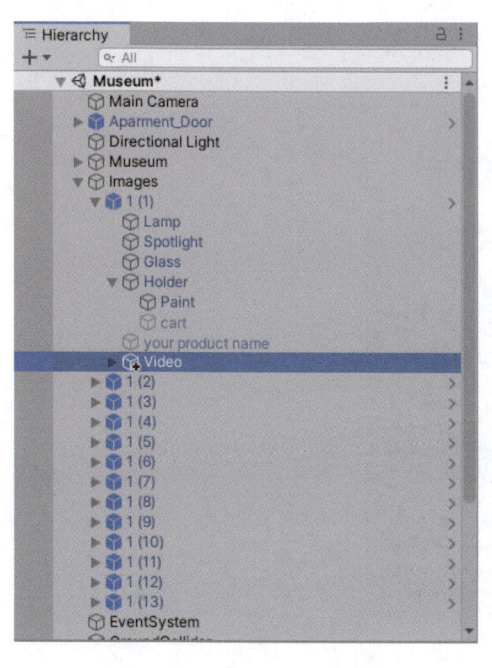

微课
添加视频文件

图 5-8　复制展板并改名　　　　　图 5-9　移出 Video

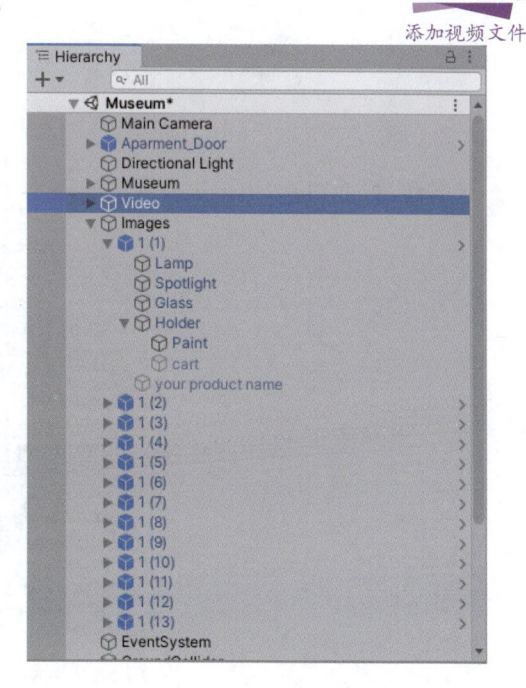

步骤❹ 调整 Video 的位置，如图 5-10 所示。

图 5-10　调整 Video 的位置

步骤❺ 修改 Video 的"Transform"参数，如图 5-11 所示。

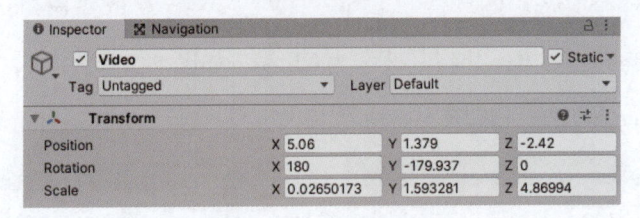

图 5-11　修改"Transform"参数

步骤❻ 添加 Video Player 组件，如图 5-12 所示。

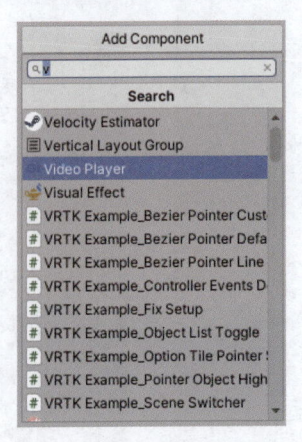

图 5-12　添加 Video Player

步骤❼ 设置 Video Player 组件。将其"Video Clip"设置为 yh.mp4，勾选"Loop"选项，如图 5-13 所示。

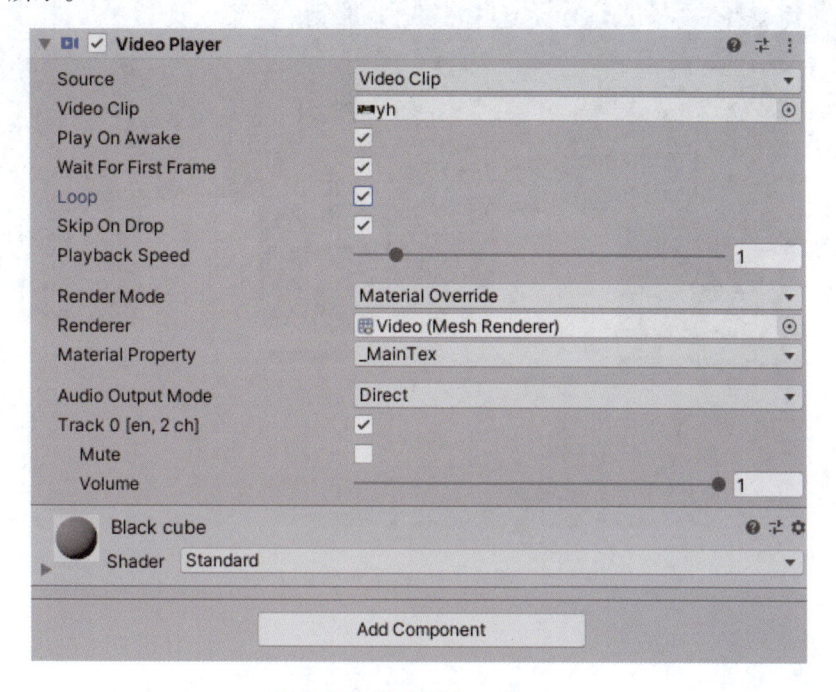

图 5-13　设置 Video Player

到此就能够播放背景音乐和视频文件了。

拓展

给视频增加播放功能。

任务 2　展品交互

任务导入

一般展厅主要是用来展示展品的，贵重的展品一般放在玻璃柜里面保护起来。在虚拟现实场景中，我们也需要对展品进行展示。在虚拟场景中，用户可以对展品近距离观看，甚至可以和展品进行互动。

任务分析

本任务主要是实现展品交互功能，主要是抓取展品，如图 5-14 所示。

图 5-14 展品交互

任务实施

1. 获取项目模型资源

从本书提供的项目资源中，将 Models 文件夹中的两个模型资源添加到项目中，如图 5-15 所示。

图 5-15 添加模型资源

微课

展品交互

添加完模型后，效果如图 5-16 所示。

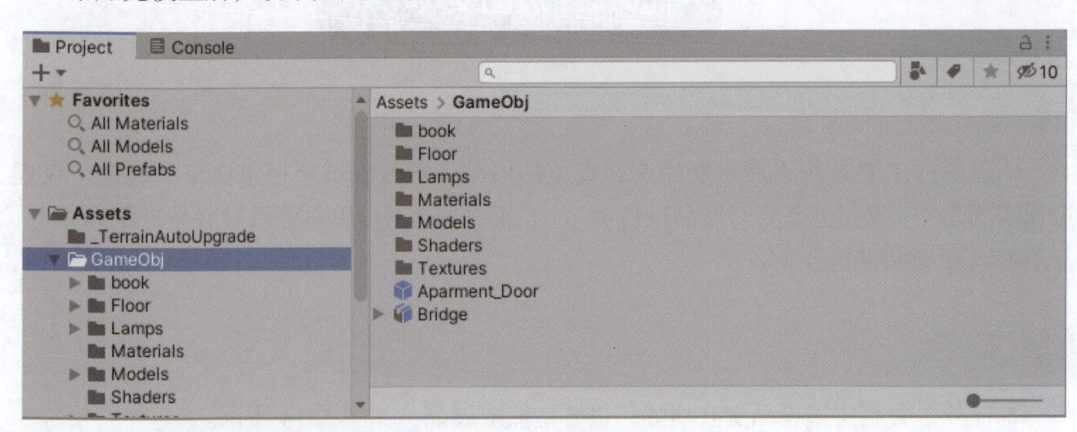

图 5-16 添加完模型的效果

2. 将模型放在展柜上

步骤❶ 将球形物体 Usable Grabbable Sphere 放在展柜上，如图 5-17 所示。

图 5-17　摆放球形

步骤❷ 将 Bridge 模型添加到场景中，通过修改缩放比例，将其放在另外一个展柜上，如图 5-18 所示。

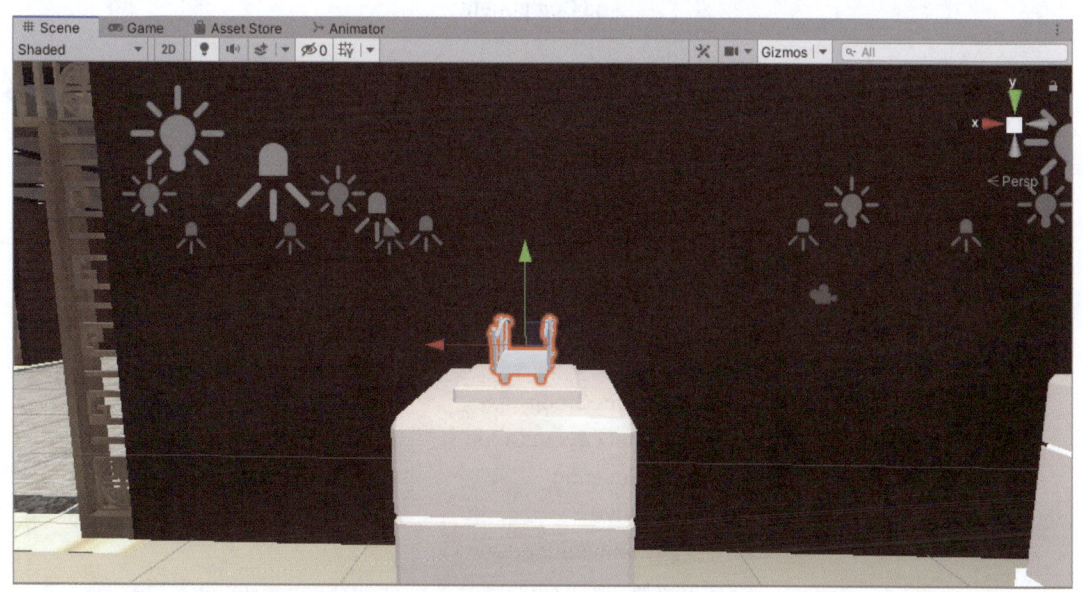

图 5-18　Bridge 模型

步骤❸ 为 Bridge 模型添加碰撞，如图 5-19 所示。

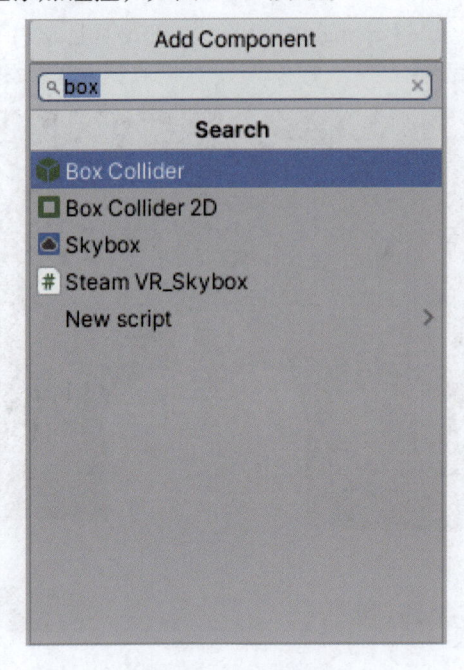

图 5-19　添加碰撞

步骤❹ 为 Bridge 模型添加刚体，如图 5-20 所示。

图 5-20　添加刚体

步骤❺ 为 Bridge 模型添加 Use Rotate 代码，如图 5-21 所示。

图 5-21 添加 Use Rotate 代码

步骤❻ 勾选 Use Rotate 代码组件的"is Grabbable"，如图 5-22 所示。这样就能够用手柄来拾取 Bridge 模型了。

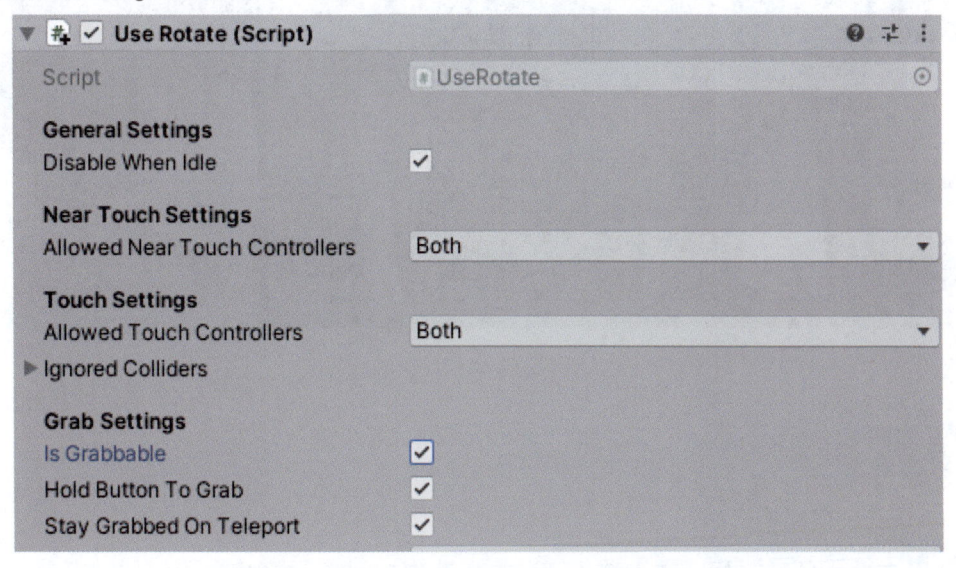

图 5-22 设置 Use Rotate 代码组件

拓展

（1）实现触碰到展品模型时展品外边缘发光效果。
（2）实现抓取展品后，松开扳机物品仍然被抓取着的功能。

任务3　讲解员交互

任务导入

大部分的展馆都会配有讲解员，在虚拟现实展馆也可以配有讲解员，让讲解员跟随用户，对展览的物品进行讲解。

任务分析

本任务主要是实现当用户走到某一个图片展品前时，讲解员讲解相关的内容，如图 5-23 所示。

图 5-23　讲解员讲解

任务实施

1. 获取项目模型资源

从本书提供的项目资源中，将 Guide 文件夹中的讲解员模型资源添加到项目中，如图 5-24 所示。

Guide.unitypackage

图 5-24　添加讲解员模型资源

添加完模型后，将讲解员模型放在展馆门口，效果如图 5-25 所示。

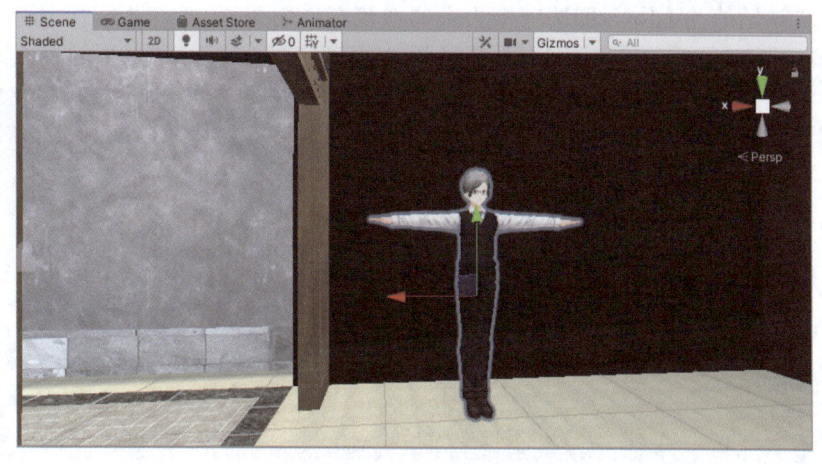

图 5-25　添加完模型的效果

2．**为讲解员添加动画**

步骤❶ 在 Project 下展开"Guide"，再单击"Animations"，添加一个 Animator Controller，并命名为 GuideController，如图 5-26 所示。

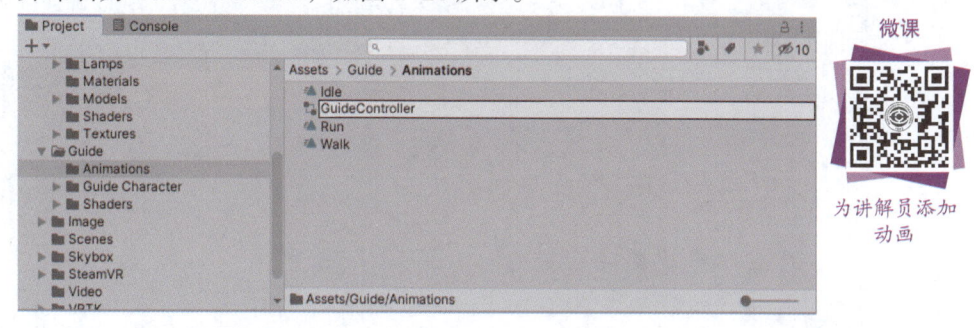

图 5-26　添加一个 Animator Controller

微课

为讲解员添加动画

步骤❷ 双击打开 GuideController 动画控制器编辑窗口，选择"Animations"目录下的"Idle"预制体并将其拖入编辑窗口，生成角色待机动画，如图 5-27 所示。

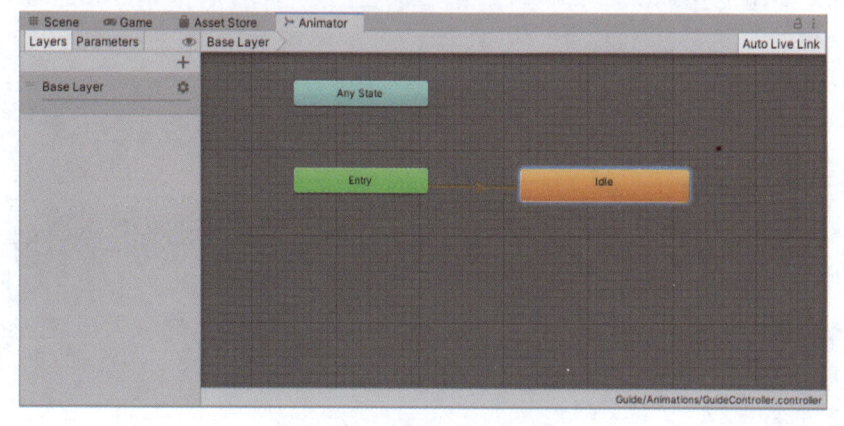

图 5-27　设置角色待机动画

步骤❸ 单击 Parameters 选项卡右侧的"+"号,添加一个 Bool 类型的参数,命名为 walk,确认其初始值为 false,即选项框为未勾选状态,如图 5-28、图 5-29 所示。

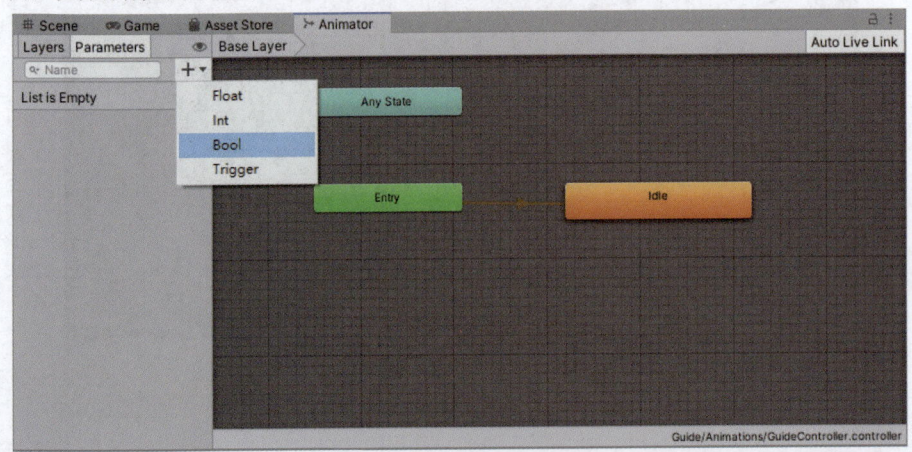

图 5-28 创建 Bool 参数

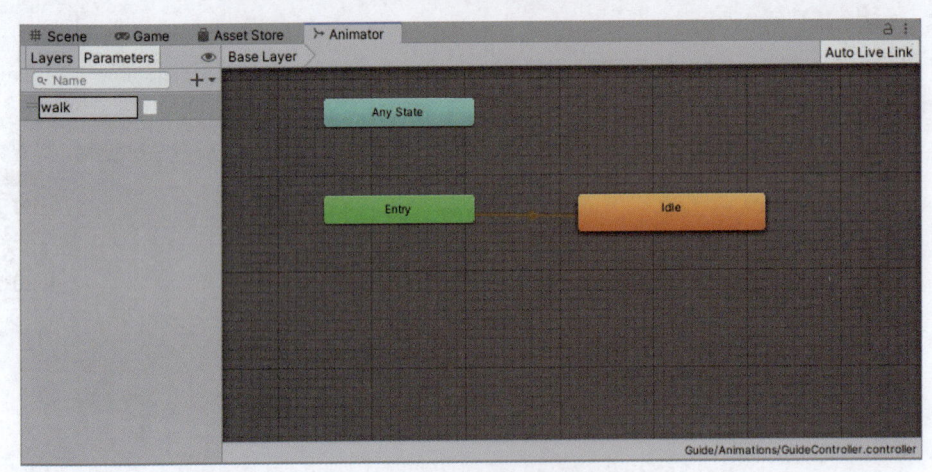

图 5-29 创建 Bool 参数

步骤❹ 选择"Animations"目录下的"Walk"预制体并将其拖入编辑窗口,如图 5-30 所示。

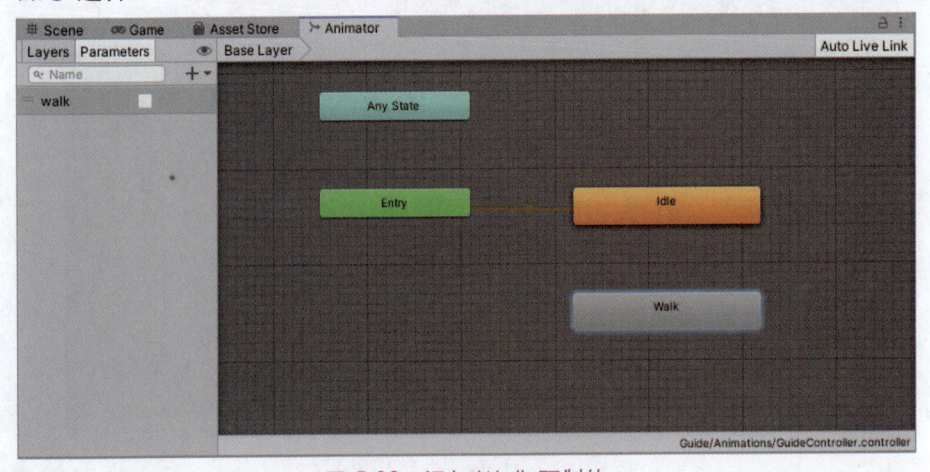

图 5-30 添加 Walk 预制体

步骤❺ 右键单击"Idle",选择"Make Transaction"命令,生成连接箭头,将箭头拖到 Walk 上单击,即可创建出 Idle 到 Walk 的过渡。用同样的方式建立一条从 Walk 到 Idle 的过渡,实现动作的循环,如图 5-31 所示。

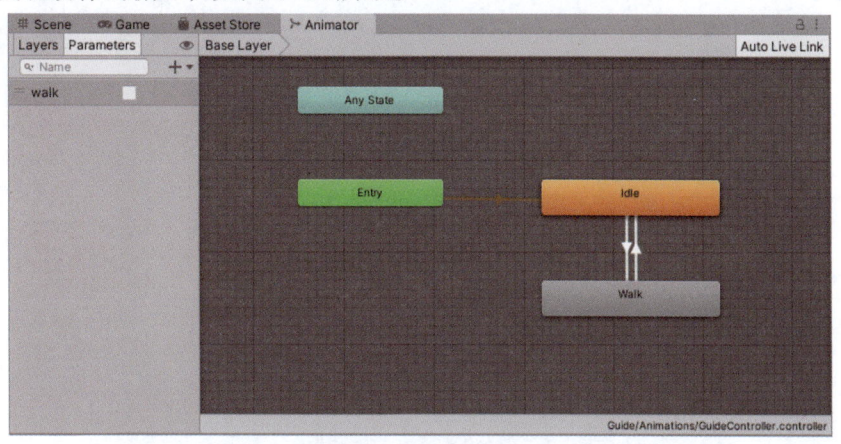

图 5-31 设置动画

步骤❻ 选择 Idle 到 Walk 的连接箭头,打开右边的"Inspector"属性栏,在属性栏下方的"Conditions"中单击"+"按钮添加参数 walk 并设置其值为 true,表示当参数 walk 为 true 时,角色动画执行从 Idle 到 Walk 的过渡,如图 5-32 所示。

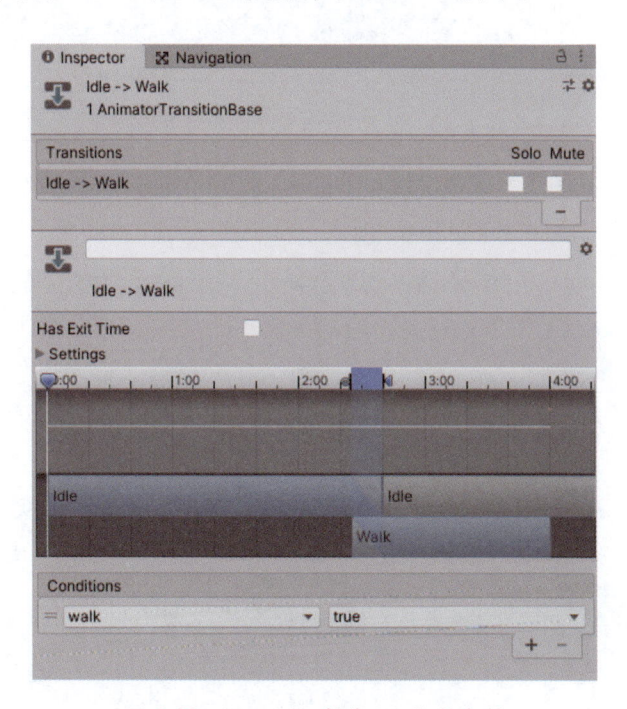

图 5-32 设置 Idle 转为 Walk 的条件

步骤❼ 用同样的方法，选择 Walk 到 Idle 的连接箭头，打开右边的"Inspector"属性栏，在属性栏下方的"Conditions"中单击"+"按钮添加参数 walk 并设置其值为 false，表示当参数 walk 为 false 时，角色动画执行从 Walk 到 Idle 的过渡，如图 5-33 所示。

图 5-33 设置 Walk 转为 Idle 的条件

步骤❽ 回到 Scene 场景，选中讲解员 Guide，打开"Inspector"属性栏下的"Animator"组件，将动画控制器"GuideController"拖入"Controller"栏，如图 5-34 所示。

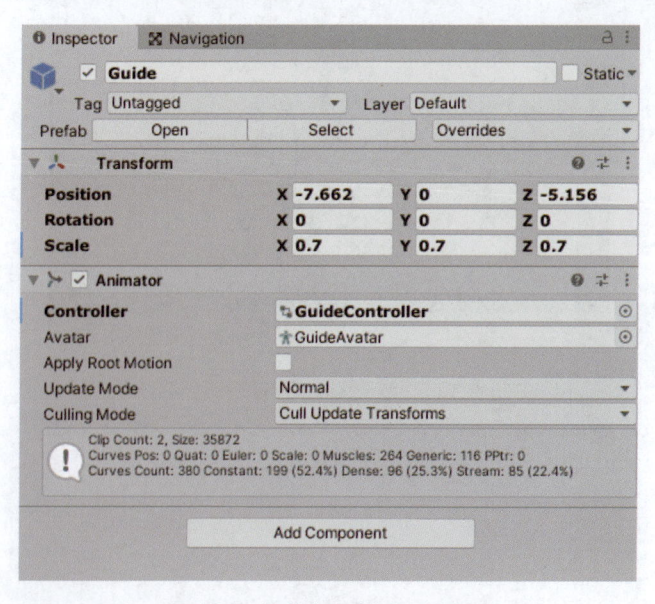

图 5-34 给角色加载动画控制器

120

运行项目，此时的讲解员不再是完全静止状态了，而是出现了待机动作的动态效果，但讲解员还不能走动，需要给他添加代码组件。

3. 设置自动寻路

步骤❶ 打开菜单"Window"下的"AI"，选择"Navigation"命令，如图 5-35 所示。

微课

为讲解员设置自动寻路

图 5-35 "Navigation"命令

步骤❷ 在"Navigation"中选择"Bake"选项卡，单击"Bake"按钮，进行地形的预处理，如图 5-36 所示。

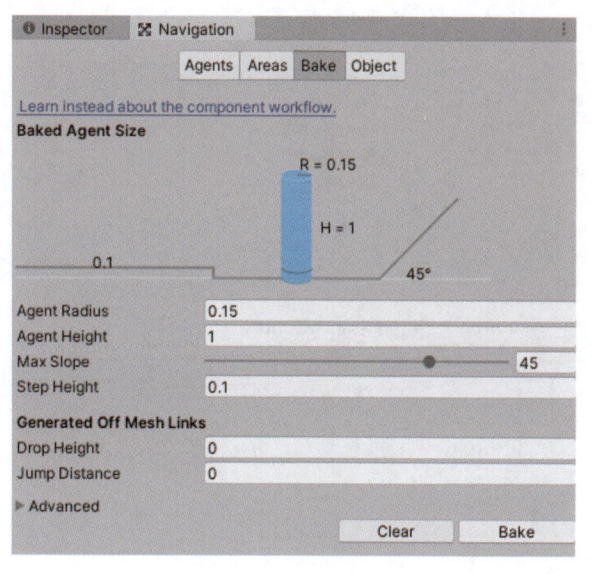

图 5-36 地形预处理

步骤❸ 为讲解员添加"Nav Mesh Agent",如图 5-37 所示。

图 5-37 添加"Nav Mesh Agent"

4. 编程实现讲解员跟随镜头

步骤❶ 在"Assets"目录下建立一个"Scripts"文件夹,如图 5-38 所示。

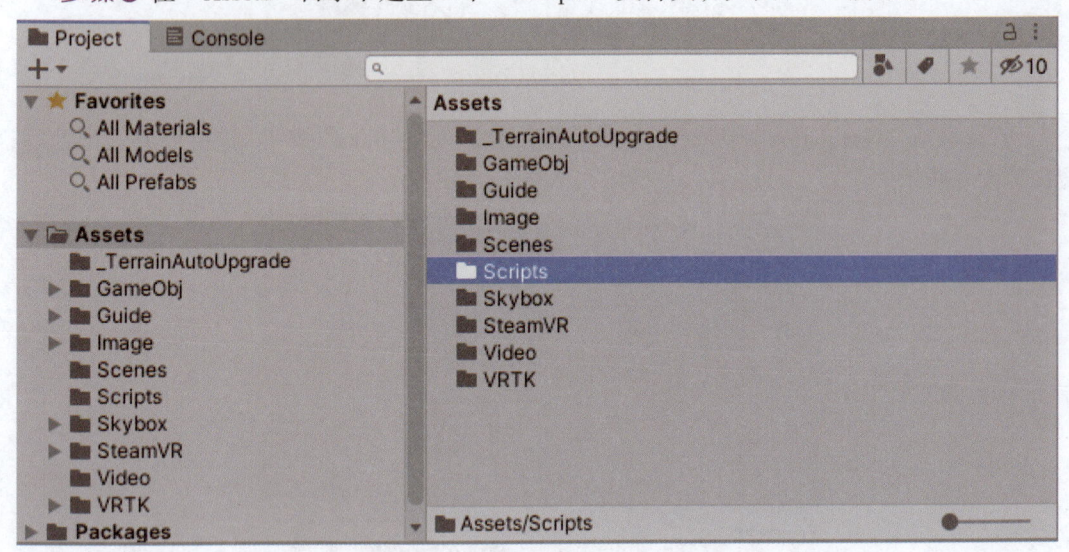

图 5-38 创建"Scripts"文件夹

步骤❷ 在"Scripts"下创建一个脚本文件,命名为 GuideControl,如图 5-39 所示。

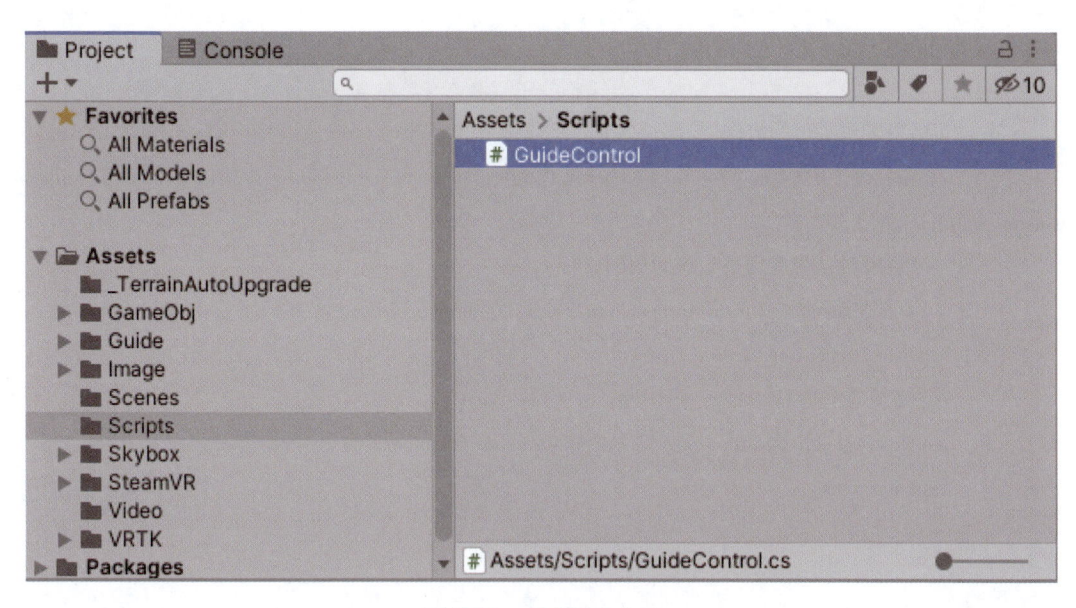

图 5-39　创建脚本文件

步骤❸ 将脚本文件拖到讲解员 Guide 上。

步骤❹ 双击脚本 GuideControl.cs 进入脚本编辑界面，编写以下代码。

```
using System.Collections;

using System.Collections.Generic;

using UnityEngine;

using UnityEngine.AI;


public class GuideControl : MonoBehaviour

{

    public Transform TargetTranform;//CameraRig 位置

    public Transform LookAtTranform;//Camera（head）位置

    NavMeshAgent navMeshAgent;

    Animator animator;


    // Start is called before the first frame update

    void Start（）

    {

        navMeshAgent = GetComponent<NavMeshAgent>（）;

        animator = GetComponent<Animator>（）;

    }


    // Update is called once per frame
```

微课

实现讲解员跟随镜头

```
    void Update（）
    {
        // 讲解员朝向头显的方向
        transform.LookAt（new Vector3（LookAtTranform.position.x, transform.position.y, LookAtTranform.transform.position.z））;
        // 判断讲解员是否走到了头显的周围
        if（Vector3.Distance（transform.position, TargetTranform.position）> 1f）
        {
            // 讲解员走向头显
            navMeshAgent.SetDestination（TargetTranform.transform.position）;
            animator.SetBool（"walk", true）;
        }
        else
        {
            animator.SetBool（"walk", false）;
        }

    }
}
```

步骤❺ 为讲解员身上的代码组件设置参数，如图 5-40 所示。

图 5-40　设置参数

5．编程实现讲解员讲解功能

步骤❶ 在讲解员 Guide 下添加一个 Image，如图 5-41 所示。

图 5-41　添加 Image

微课

实现讲解员讲解功能（上）

步骤❷ 对 Canvas 属性进行修改，如图 5-42 所示。

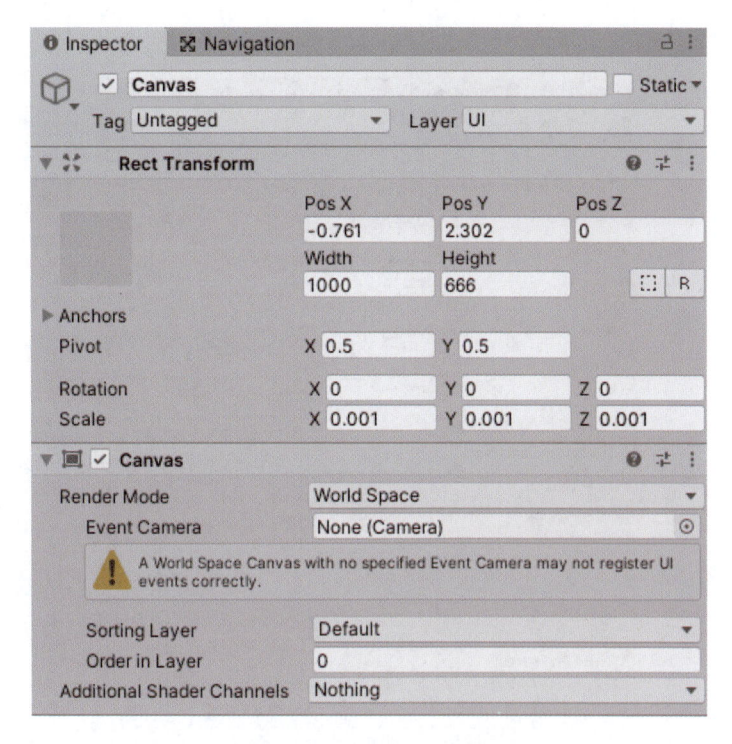

图 5-42 修改 Canvas 属性

步骤❸ 对 Image 文件夹中的 dialog 图片进行修改，如图 5-43 所示。

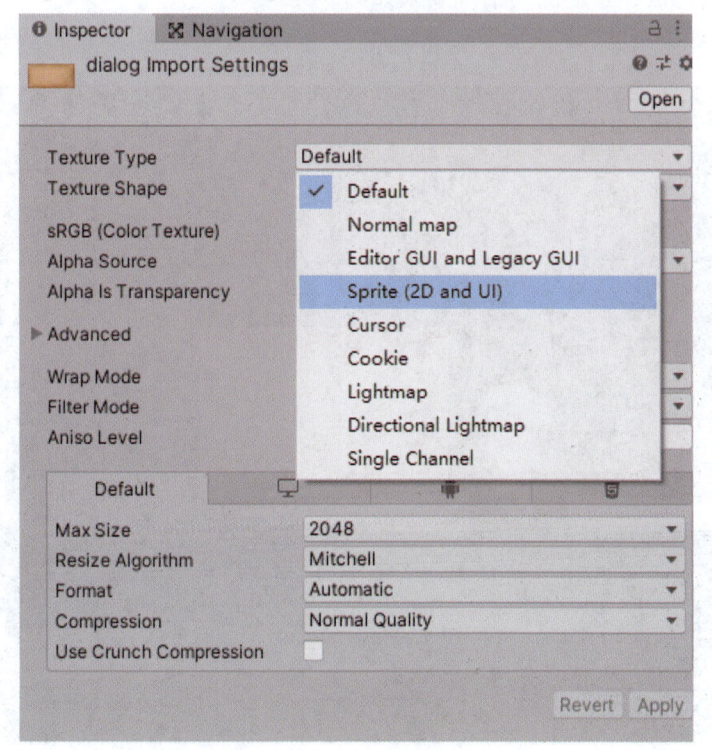

图 5-43 修改 dialog 图片的 Texture Type 属性

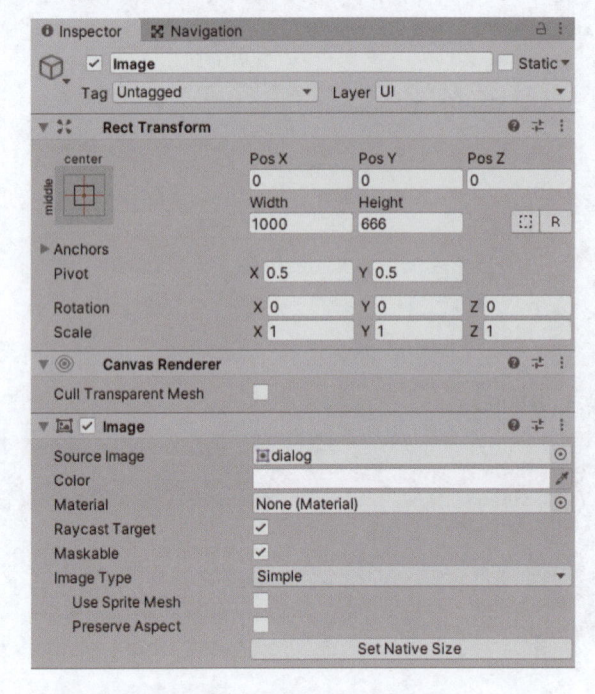

步骤❹ 修改物体 Image 的属性，如图 5-44 所示。

图 5-44　修改 Image 参数

经过参数的修改，最后的对话框效果如图 5-45 所示。

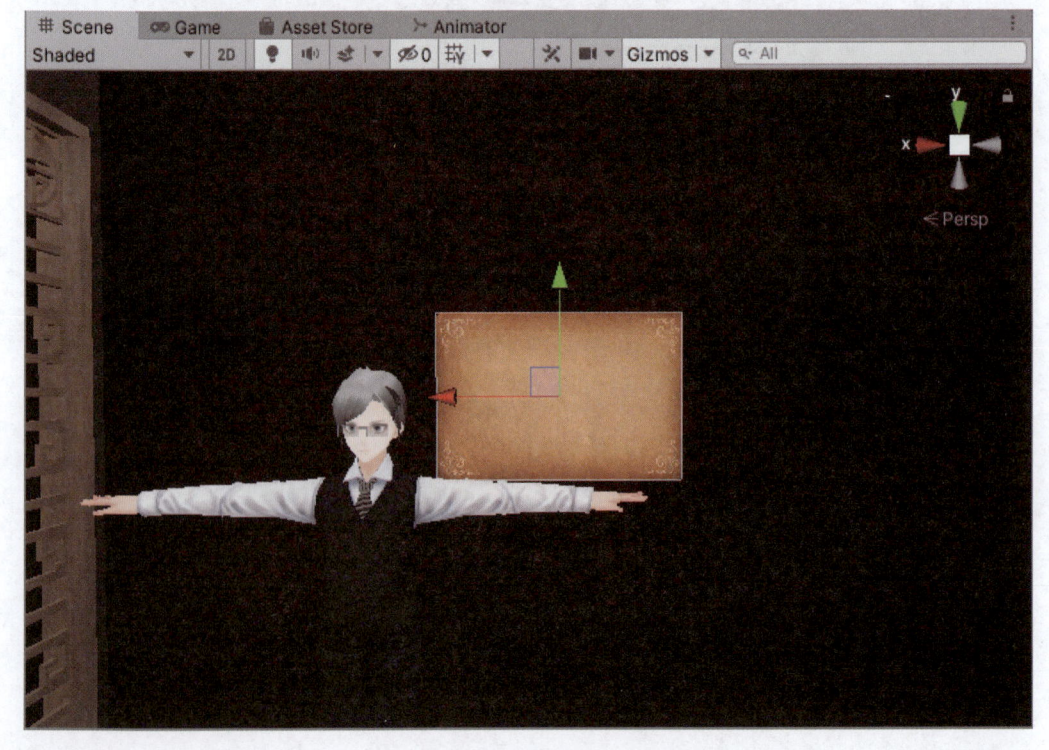

图 5-45　添加对话框的效果

项目 5　实现虚拟现实项目交互

步骤❺ 添加一个空物体，命名为 TourTrigger，将其 Transform 的属性重置，在其下面再添加三个空物体，分别命名为 sh、ytd、bkx，分别用来在史浩故居、银台第、宝奎巷图片前面设置触发区域，当讲解员走到该区域时，就可以开始讲解。如图 5-46 所示。

图 5-46　添加三个空物体

步骤❻ 将三个空物体分别拖到相应的图片前面。

步骤❼ 选择 sh 空物体，为其添加一个 Box Collider 组件，对 Box Collider 组件进行设置，如图 5-47 所示。

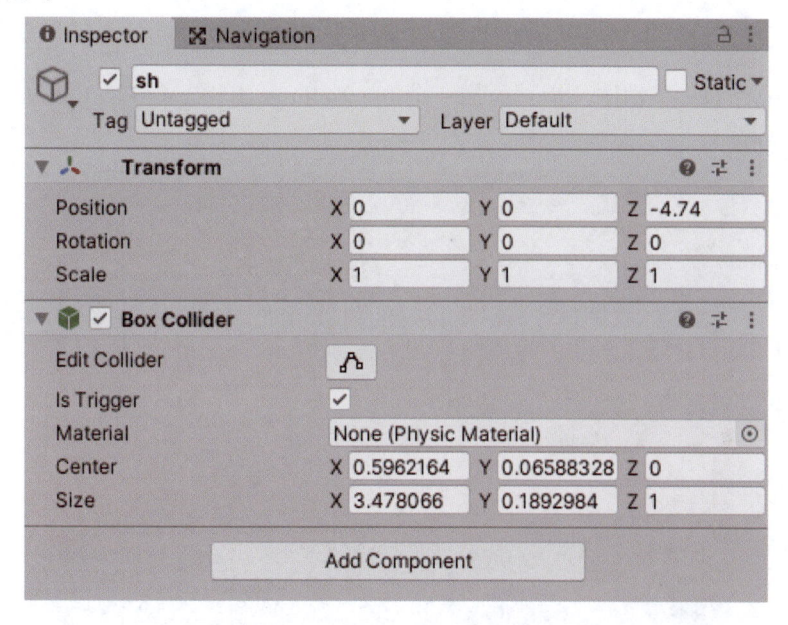

图 5-47　设置 sh 空物体参数

步骤❽ 选择 ytd 空物体，为其添加一个 Box Collider 组件，对 Box Collider 组件进行设置，如图 5-48 所示。

127

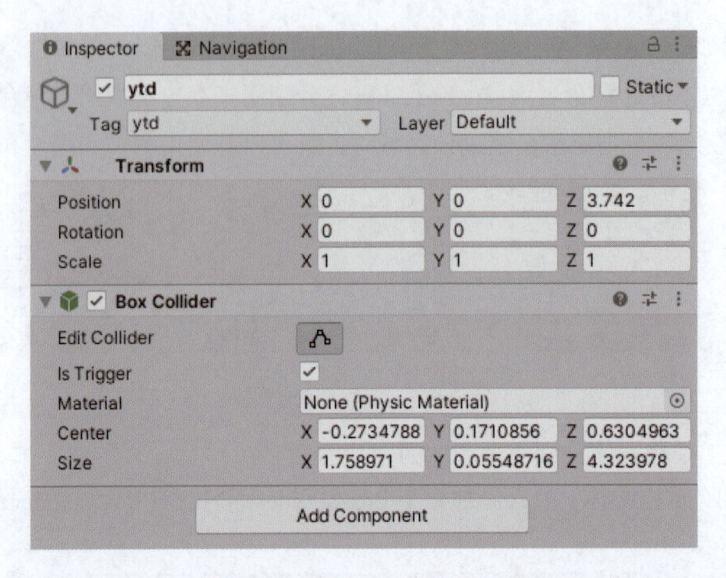

图 5-48 设置 ytd 空物体参数

步骤⑨ 选择 bkx 空物体，为其添加一个 Box Collider 组件，对 Box Collider 组件进行设置，如图 5-49 所示。

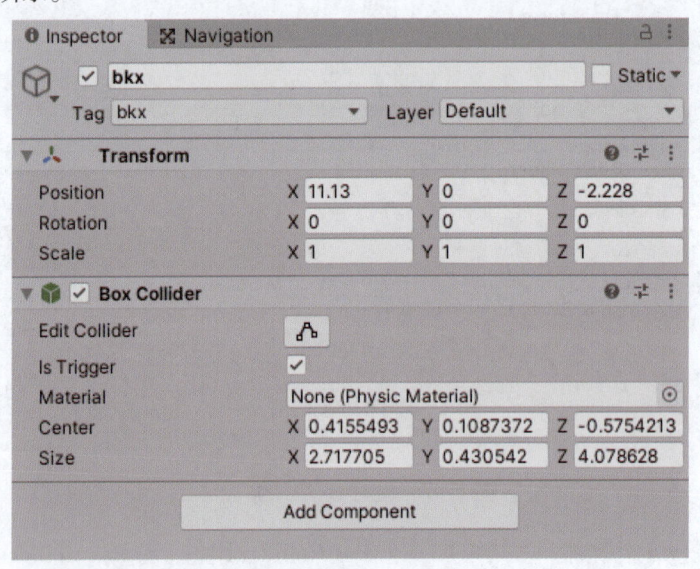

图 5-49 设置 bkx 空物体参数

步骤⑩ 为 sh 空物体添加一个名为 sh 的 Tag，为 ytd 空物体添加一个名为 ytd 的 Tag，为 bkx 空物体添加一个名为 bkx 的 Tag。

步骤⑪ 在 Image 物体下面添加一个 Text 物体，用来显示讲解词，如图 5-50 所示。

图 5-50 添加一个 Text 物体

步骤⓬ 修改 Text 物体的属性，调整讲解词在对话框上的显示效果，如图 5-51 所示，将其宽度（Width）设为 800，高度（Height）设为 500，旋转（Rotation）的 Y 轴设置为 180，字体风格（Font Style）设置为粗体（Bold），字体大小（Font Size）设置为 55。

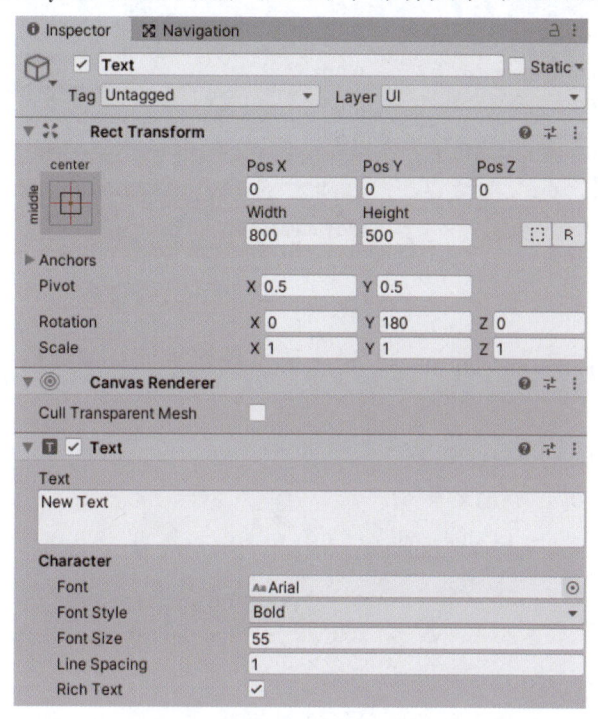

图 5-51 设置 Text 物体参数

步骤⓭ 为讲解员 Guide 添加一个 Character Controller 组件，如图 5-52 所示。

图 5-52 添加 Character Controller

步骤⓮ 修改 Character Controller 参数，如图 5-53 所示，将中心（Center）的 Y 轴设为 1。

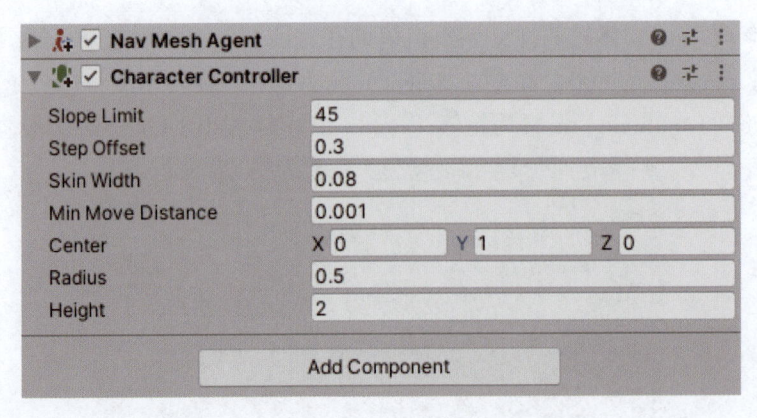

图 5-53 修改 Character Controller 参数

步骤 ⑮ 双击脚本 GuideControl.cs，进入脚本编辑界面，继续编写代码，实现讲解员触发。

```csharp
public GameObject Dialog;// 对话框
public Text DialogText;// 对话框文本
private void OnTriggerEnter（Collider other）
    {
        if（other.tag == "sh"）
        {
            // 将对话框显示出来
            Dialog.SetActive（true）;
            DialogText.text = " 史浩（1106 年 10 月 4 日 –1194 年 4 月 27 日），字直翁，号真隐。明州鄞县
                    （今浙江宁波）人，南宋政治家、词人。去世后被追封为会稽郡王，为昭勋阁
                    二十四功臣之一。";
        }
        if（other.tag == "ytd"）
        {
            // 将对话框显示出来
            Dialog.SetActive（true）;
            DialogText.text = " 据四明六志记载，该宅主人童槐，字大生，又字葵君，嘉庆十年进士，任江
                    西、山东按察使等职。子童华，任吏部右侍郎、左都御史，曾修砌偃月堤。";
        }
        if（other.tag == "bkx"）
        {
            // 将对话框显示出来
            Dialog.SetActive（true）;
            DialogText.text = " 明清以来，宝奎巷为官宦、富商宅第，规格端正、布局合理、用材讲究，是
                    宁波迄今为止保存较为完好、面积较大且相对集中的明清建筑群。";
        }
```

}
// 离开触发区域时，将对话框设置为不激活
private void OnTriggerExit（Collider other）
{
　　Dialog.SetActive（false）;
}

步骤⓰ 为讲解员添加一个 Audio Source 组件，用来播放讲解词，如图 5-54 所示。

图 5-54　添加 Audio Source 组件

步骤⓱ 在 GuideControl.cs 中添加代码，将声音文件加进来。

public AudioClip[] GuideAudioClip;// 声音源

public AudioSource GuiderAudioScource;//AudioSource 组件

步骤⓲ 选择讲解员 Guide，在代码组件中，将史浩故居、银台第和宝奎巷的讲解词音频文件添加进来，指定好讲解员音频资源（Guide Audio Source），如图 5-55。

图 5-55　设置 Guide Audio Source 参数

步骤⓯ 在 GuideControl.cs 中添加代码，当对话框显示文字时，播放相应的声音。

```
private void OnTriggerEnter（Collider other）
{
    if（other.tag == "sh"）
    {
        // 将对话框显示出来
        Dialog.SetActive（true）;
        DialogText.text = " 史浩（1106 年 10 月 4 日 –1194 年 4 月 27 日），字直翁，号真隐。明州鄞县
                          （今浙江宁波）人，南宋政治家、词人。去世后被追封为会稽郡王，为昭勋
                          阁二十四功臣之一。";
        GuiderAudioScource.clip = GuideAudioClip[0];// 指定播放史浩故居讲解词
        GuiderAudioScource.Play（）;// 开始播放
    }
    if（other.tag == "ytd"）
    {
        // 将对话框显示出来
        Dialog.SetActive（true）;
        DialogText.text = " 据四明六志记载，该宅主人童槐，字大生，又字葵君，嘉庆十年进士，任江西、
                          山东按察使等职。子童华，任吏部右侍郎、左都御史，曾修砌偃月堤。";
        GuiderAudioScource.clip = GuideAudioClip[1];// 指定播放银台第讲解词
        GuiderAudioScource.Play（）;// 开始播放
    }
    if（other.tag == "bkx"）
    {
        // 将对话框显示出来
        Dialog.SetActive（true）;
        DialogText.text = " 明清以来，宝奎巷为官宦、富商宅第，规格端正、布局合理、用材讲究，是
                          宁波迄今为止保存较为完好、面积较大且相对集中的明清建筑群。";
        GuiderAudioScource.clip = GuideAudioClip[2];// 指定播放宝奎巷讲解词
        GuiderAudioScource.Play（）;// 开始播放
    }

}
// 离开触发区域时，将对话框设置为不激活
private void OnTriggerExit（Collider other）
```

微课

实现讲解员讲解
功能（下）

```
{
    Dialog.SetActive（false）;
    GuiderAudioScource.Stop（）;// 结束播放
}
```

> **拓展**

（1）完善讲解员的跑步与行走切换不协调。
（2）解决讲解员有时滑步的问题。
（3）实现当用户启动项目时，讲解员就开始讲解的功能。
（4）实现当讲解员讲解时，背景音乐暂停。

任务 4　书卷交互

> **任务导入**

项目设计了一个小游戏，让用户寻找书卷，当全部书卷被找到后，在后面的程序中会打开一扇门，让用户进入第二个场景。

> **任务分析**

本任务主要实现当找到书卷时，调用一段声音文件来告诉用户找到了第几个书卷，当书卷全部找完后给出一定提示。如图 5-56 所示，就是要寻找的书卷。

图 5-56　书卷

微课

将书卷布局到场景中

任务实施

1. 将书卷模型布局到场景中

步骤❶ 找到书卷模型，将其放入场景中，如图 5-57 所示。

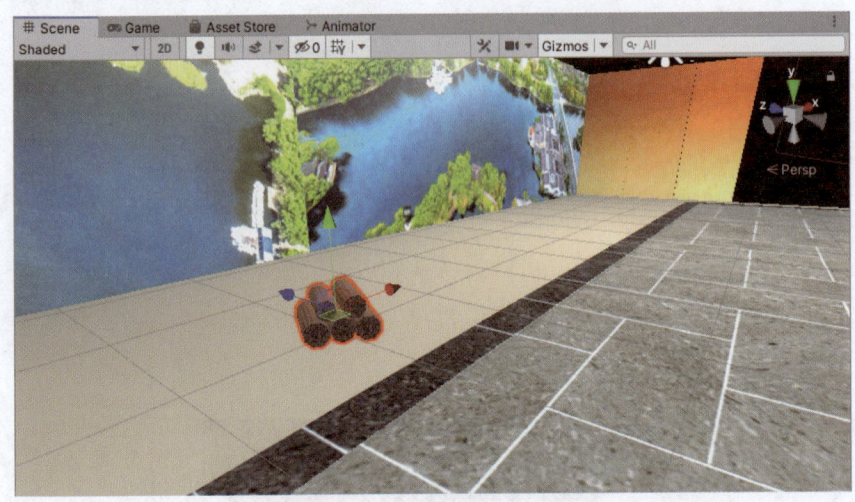

图 5-57　将书卷放入场景

步骤❷ 为书卷添加一个 Box Collider 组件，如图 5-58 所示，将其 Is Trigger 复选框选中。

图 5-58　添加 Box Collider 组件

步骤❸ 在 Scripts 文件下添加一个代码文件 Twinkle.cs，用于实现书卷发光效果，如图 5-59 所示。

图 5-59　添加代码文件 Twinkle.cs

步骤❹ 为 Twinkle.cs 编写代码，实现书卷发光效果。

using System.Collections;

```csharp
using System.Collections.Generic;
using UnityEngine;

public class Twinkle : MonoBehaviour
{
    public MeshRenderer ThisRenderer;// 获取书卷 MeshRenderer
    float TwinkleTime = 0f;// 设置闪烁时间间隔
    // Start is called before the first frame update
    void Start ( )
    {

    }

    // Update is called once per frame
    void Update ( )
    {
        TwinkleTime += Time.deltaTime;
        // 一定时间后改变材质颜色
        if （TwinkleTime % 1 > 0.5f）
        {
            ThisRenderer.material.color = Color.gray;
        }
        else
        {
            ThisRenderer.material.color = Color.white;
        }
    }
}
```

步骤❺ 为书卷添加 Twinkle.cs 代码组件，将书卷 book 拖到 This Renderer 参数上测试效果，如图 5-60 所示。

图 5-60　将书卷放入场景

步骤❻ 为书卷添加一个名为 book 的标签（Tag）。

步骤❼ 将书卷复制三个，分别摆放在场景的不同地方。

步骤❽ 在 Scripts 文件下添加一个代码文件 PickUp.cs，用于实现书卷被捡起，如图 5-61 所示。

图 5-61 添加 PickUp.cs 组件

步骤❾ 将 PickUp.cs 拖到头显上，头显位置如图 5-62 所示。

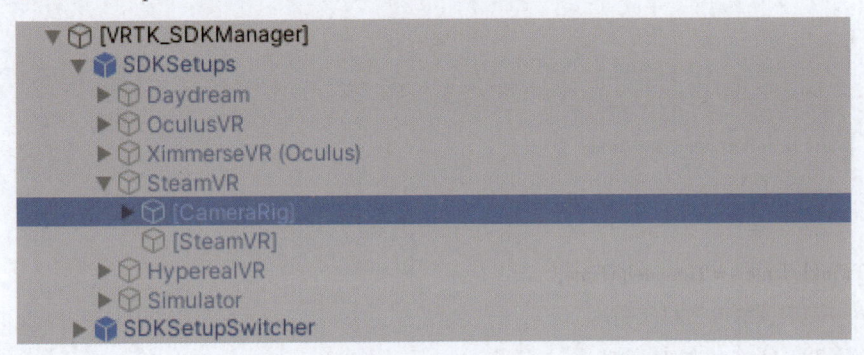

图 5-62 头显位置

步骤❿ 编写 PickUp.cs 代码，实现捡起书卷功能。

微课

实现书卷交互（下）

```
using System.Collections;
using System.Collections.Generic;
using UnityEngine;
using UnityEngine.UI;


public class PickUp : MonoBehaviour
{
    public int num=0;
    public AudioClip[] pomeAudio;// 存放诗句
    public AudioSource pomeAudioSource;//AudioSource 组件
    // Start is called before the first frame update
    void Start（）
    {


    }


    // Update is called once per frame
```

```csharp
void Update()
{

}
private void OnTriggerEnter(Collider other)
{
    if(other.tag == "book")// 判断是否碰到书卷
    {
        num++;
        other.gameObject.SetActive(false);
        if(num == 1)// 第一次碰到书卷
        {
            pomeAudioSource.clip = pomeAudio[0];
            pomeAudioSource.Play();
        }
        if(num == 2)// 第二次碰到书卷
        {
            pomeAudioSource.clip = pomeAudio[1];
            pomeAudioSource.Play();
        }
        if(num == 3)// 第三次碰到书卷
        {
            pomeAudioSource.clip = pomeAudio[2];
            pomeAudioSource.Play();
        }
        if(num == 4)// 第四次碰到书卷
        {
            pomeAudioSource.clip = pomeAudio[3];
            pomeAudioSource.Play();
        }
    }
}
```

步骤⓫ 添加一个空物体，命名为 PoemAudio，为其添加 Audio Source 组件，如图 5-63 所示。

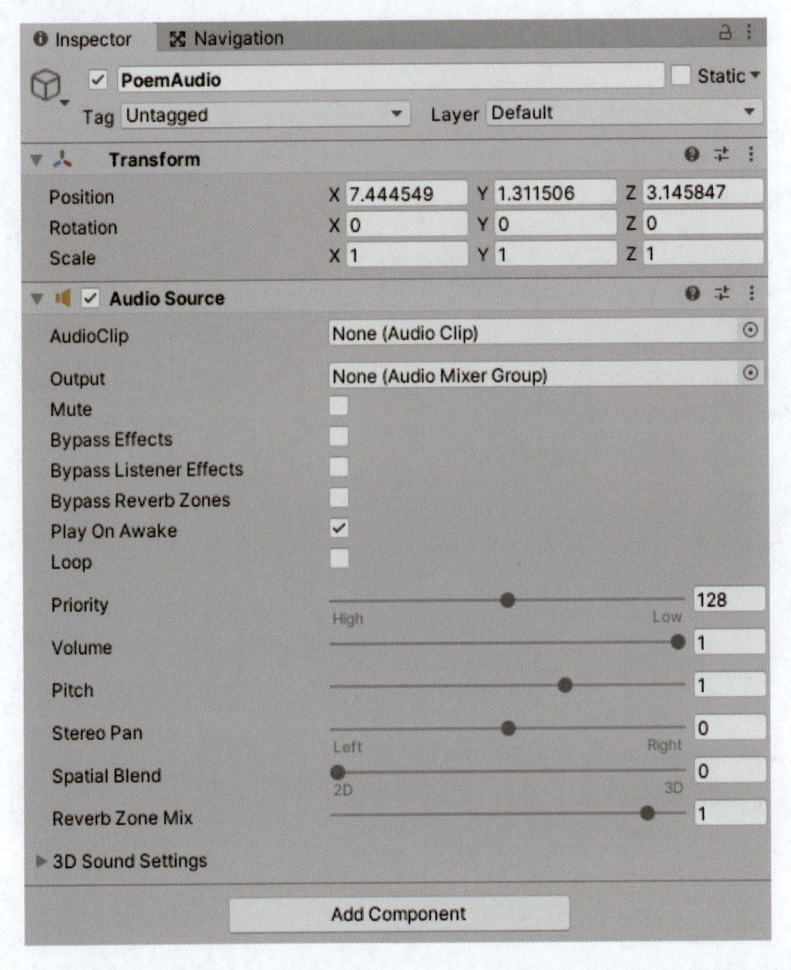

图 5-63 添加 Audio Source 组件

步骤⑫ 选择讲解员 Guide，在代码组件中，将四句诗的音频文件添加进来，指定书卷音频资源（Pome Audio Source）为 PoemAudio 物体上的 Audio Source 组件，如图 5-64 所示。摆放好书卷的位置，如图 5-56 所示。

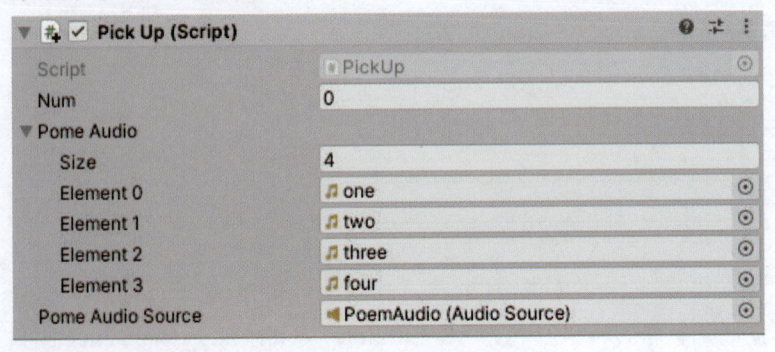

图 5-64 设置参数

> **拓展**
>
> 实现当找到书卷时显示诗句的功能。

任务 5 全景浏览

任务导入

越来越多的人对于看全景照片的需求越来越强烈。全景照片具有超强真实感，360°无死角观看整个场景空间的全部图像信息，立体感、沉浸感强烈。360°全景相对于其他多媒体手段而言更节省制作时间和成本。

任务分析

本任务主要是创造一个全景图片浏览的场景，将拍摄的月湖全景照片添加进来，戴上头显就能像在月湖边上一样，欣赏美丽的月湖风光，如图 5-65 所示。

图 5-65 全景浏览

任务实施

1. 创建一个月湖全景图片浏览场景

步骤❶ 在 Scenes 下创建一个 LakeVR 场景，如图 5-66 所示。

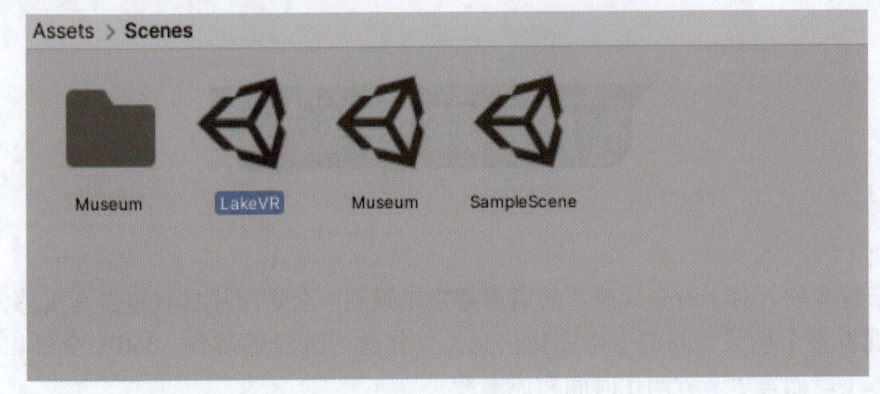

图 5-66 创建场景

步骤❷ 双击 LakeVR 场景，对场景进行编辑。

步骤❸ 在场景中添加一个球体（Sphere），设置它的属性，如图 5-67 所示。

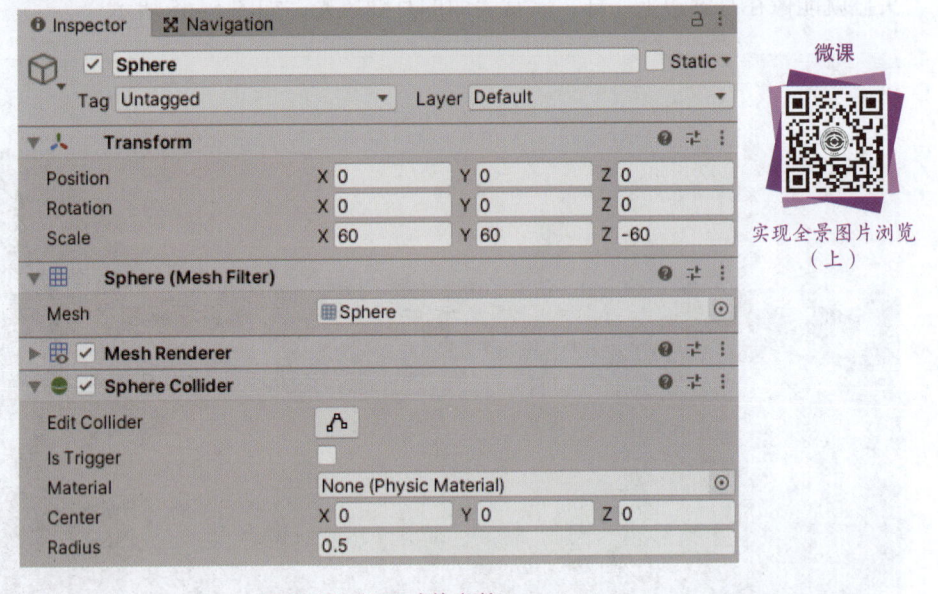

图 5-67 设置球体参数

步骤❹ 在 Assets 目录下创建一个 Standard Surface Shader，如图 5-68 所示。

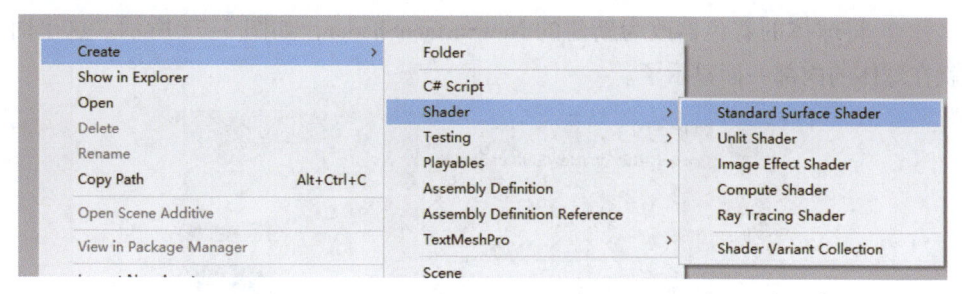

图 5-68　创建 Standard Surface Shader

步骤❺ 双击 NewSurfaceShader，打开到编辑状态。

步骤❻ 在 LOD 200 代码下面插入 cull off 命令，实现在球的内部看到内容物，如图 5-69 所示。

图 5-69　添加 cull off 命令

步骤❼ 将教材提供的资源里的 yhvr.jpg 图片加载到 Image 文件中，将其拖到 Sphere 上，如图 5-70 所示。这个时候，图片显示在球的外表面。

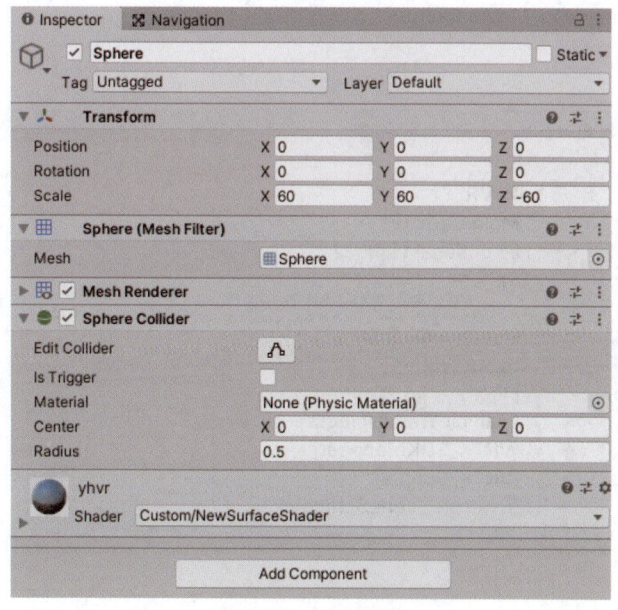

图 5-70　添加图片

步骤❽ 将球体的着色器改为新建的 NewSurfaceShader，如图 5-71 所示。这个时候，图片就在球体的内部一面显示了。

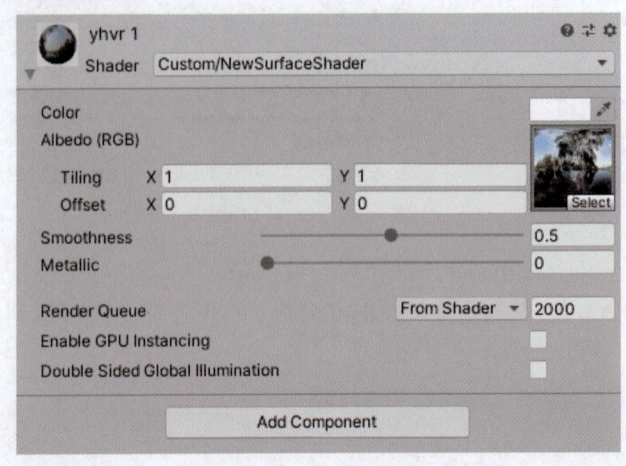

图 5-71 修改着色器

步骤❾ 导入 034_Controls_InteractingWithUnityUI 场景，如图 5-72、图 5-73 所示。

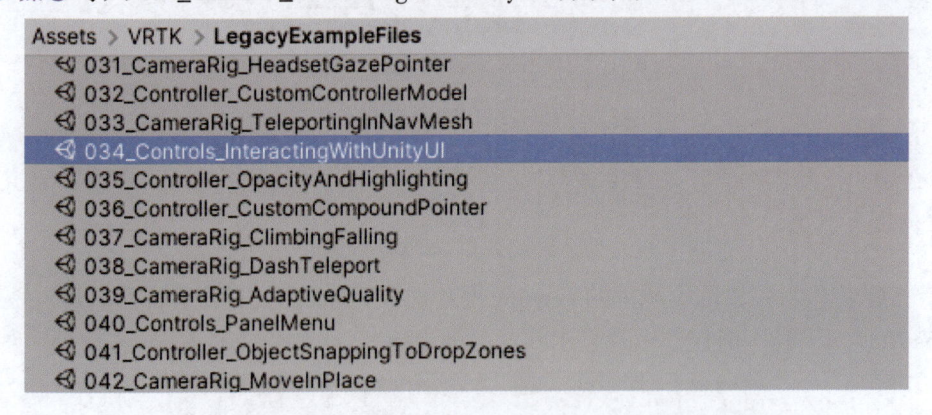

图 5-72 导入场景

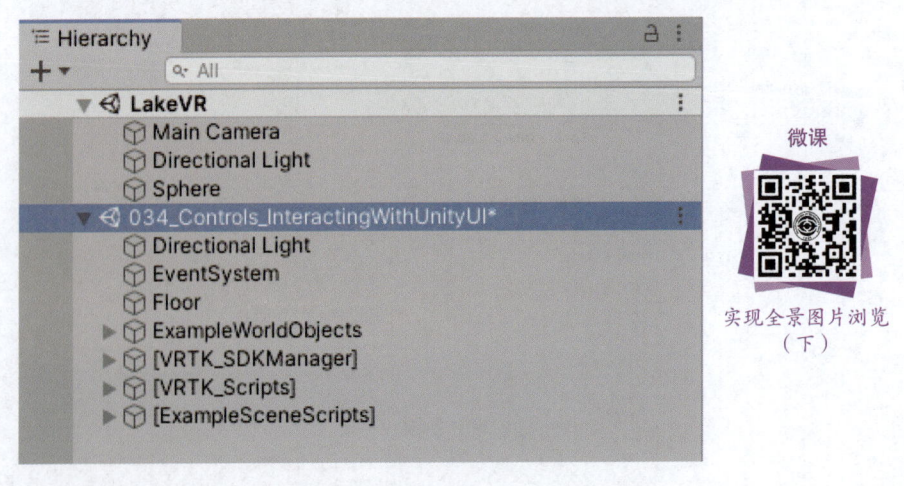

图 5-73 导入场景效果

微课

实现全景图片浏览（下）

步骤 ⑩ 获取 034_Controls_InteractingWithUnityUI 场景资源，选取需要的场景资源，将其拖到 LakeVR 场景中去，如图 5-74、图 5-75 所示。

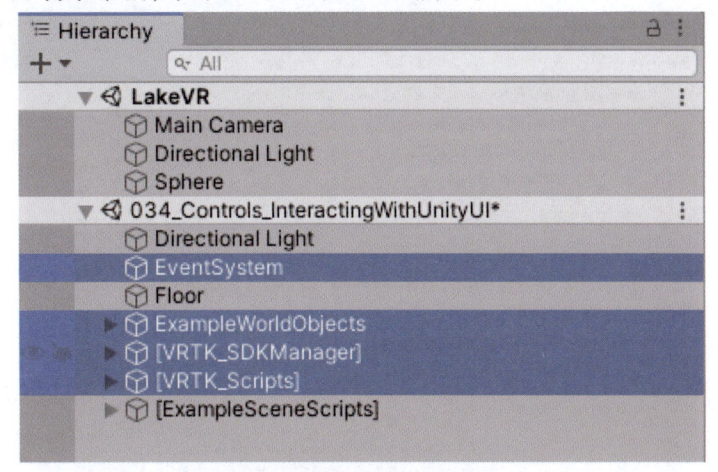

图 5-75　复制场景资源（1）

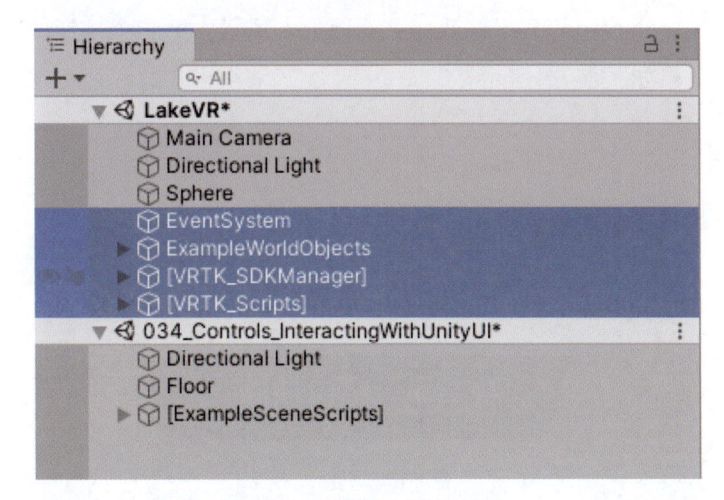

图 5-75　复制场景资源（2）

步骤 ⑪ 将场景 034_Controls_InteractingWithUnityUI 移除，如图 5-76 所示。

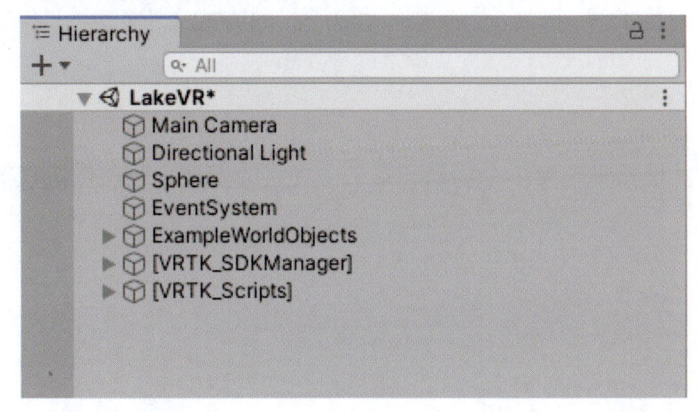

图 5-76　移除 034_Controls_InteractingWithUnityUI 场景

步骤❶❷ 将 ExampleWorldObjects 下的其他物体都删除，只保留两个按钮，如图 5-77 所示。

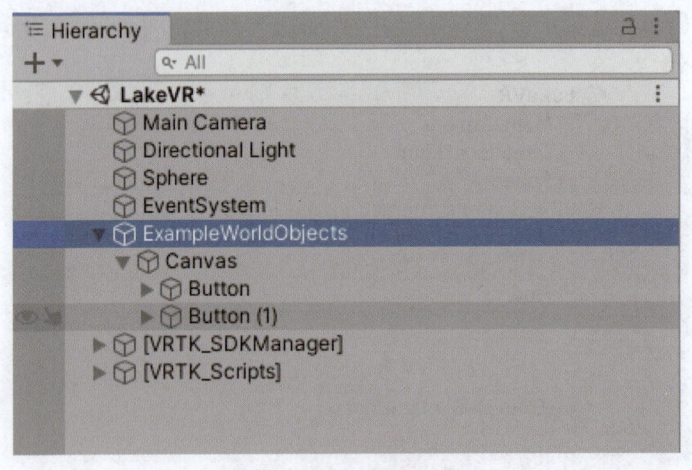

图 5-77　删除其他物体

步骤❶❸ 将第一个按钮的文本修改成：返回上一场景；第二个按钮的文本修改成：退出。运行项目，效果如图 5-65 所示。

拓展

再创造一个场景，实现全景视频的播放功能。

任务 6　场景切换

任务导入

规模较大的虚拟现实项目一般都会有多个场景，这个时候就需要实现场景切换功能。一般会给出一个切换的界面，也有的是通过传送门的方式来进行场景切换。

任务分析

本任务主要就是要实现第一个场景和第二个场景的切换，通过按钮来实现，如图 5-78 所示。

图 5-78　场景切换

任务实施

1. LakeVR 场景的按钮控制

步骤❶ 在 LakeVR 场景中添加一个空物体，命名为 GameManager，如图 5-79 所示。

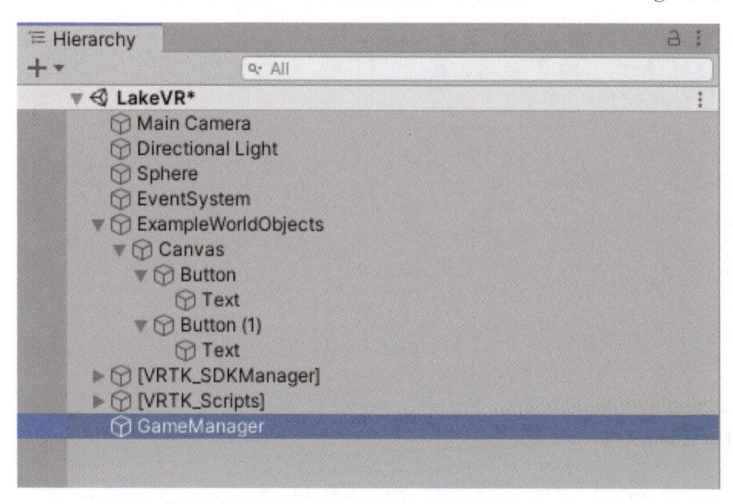

微课

LakeVR 场景的
按钮控制

图 5-79　添加一个空物体

步骤❷ 在 Scripts 下创建一个脚本文件，命名为 ButtonControl，如图 5-80 所示。将其拖到 GameManager 物体上。

145

图 5-80 添加脚本

步骤❸ 双击脚本 ButtonControl.cs 进入脚本编辑界面,编写代码,实现按钮控制。

```csharp
using System.Collections;
using System.Collections.Generic;
using UnityEngine;
using UnityEngine.SceneManagement;

public class ButtonControl : MonoBehaviour
{
    // Start is called before the first frame update
    void Start()
    {

    }

    // Update is called once per frame
    void Update()
    {

    }
    //场景跳转
    public void ScenesJump()
    {
        SceneManager.LoadScene("Museum");
    }
    //退出
    public void ProjectExit()
```

```
{
    #if UNITY_EDITOR
        UnityEditor.EditorApplication.isPlaying = false;
    #else
        Application.Quit（）;
    #endif
    }
}
```

使用 Application.Quit（）命令实现退出项目，但在设计模式下使用 Application.Quit（）是没用的，要用 UnityEditor.EditorApplication.isPlaying = false;。

步骤❹ 为第一个按钮设置 On Click 事件，如图 5-81 所示。当按钮被单击时，调用 ScenesJump（）方法。

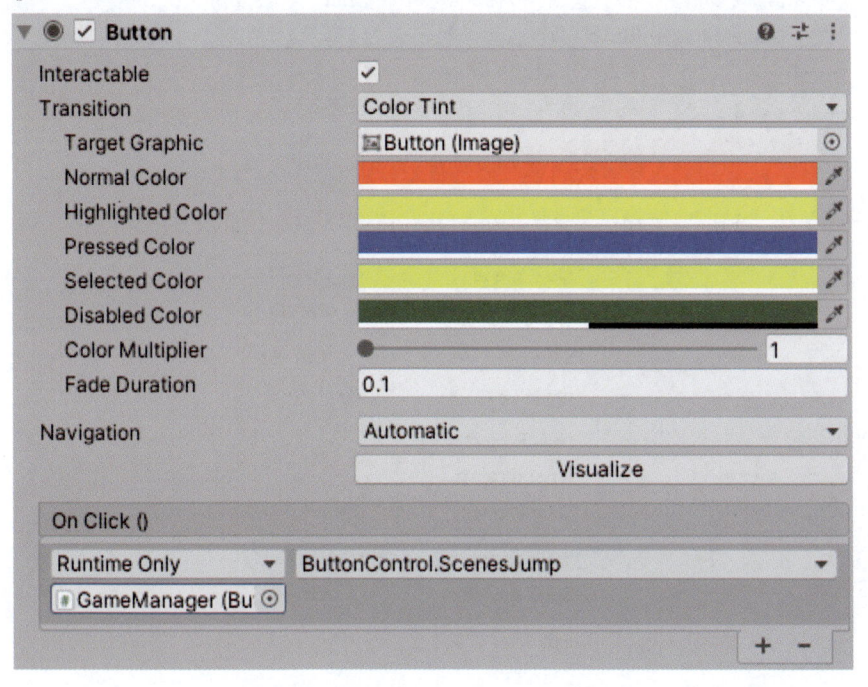

图 5-81 设置按钮的 On Click 事件（1）

步骤❺ 为第二个按钮设置 On Click 事件，如图 5-82 所示。当按钮被单击时，调用 ProjectExit（）方法。

图 5-82 设置按钮的 OnClick 事件（2）

步骤❻ 单击"File"菜单，选择"Build Settings"选项，如图 5-83 所示。

图 5-83 选择"Build Settings"

步骤❼ 将 Museum 和 LakeVR 两个场景添加进来，如图 5-84 所示。完成后就可以运行项目，测试两个按钮是否能正常运行。

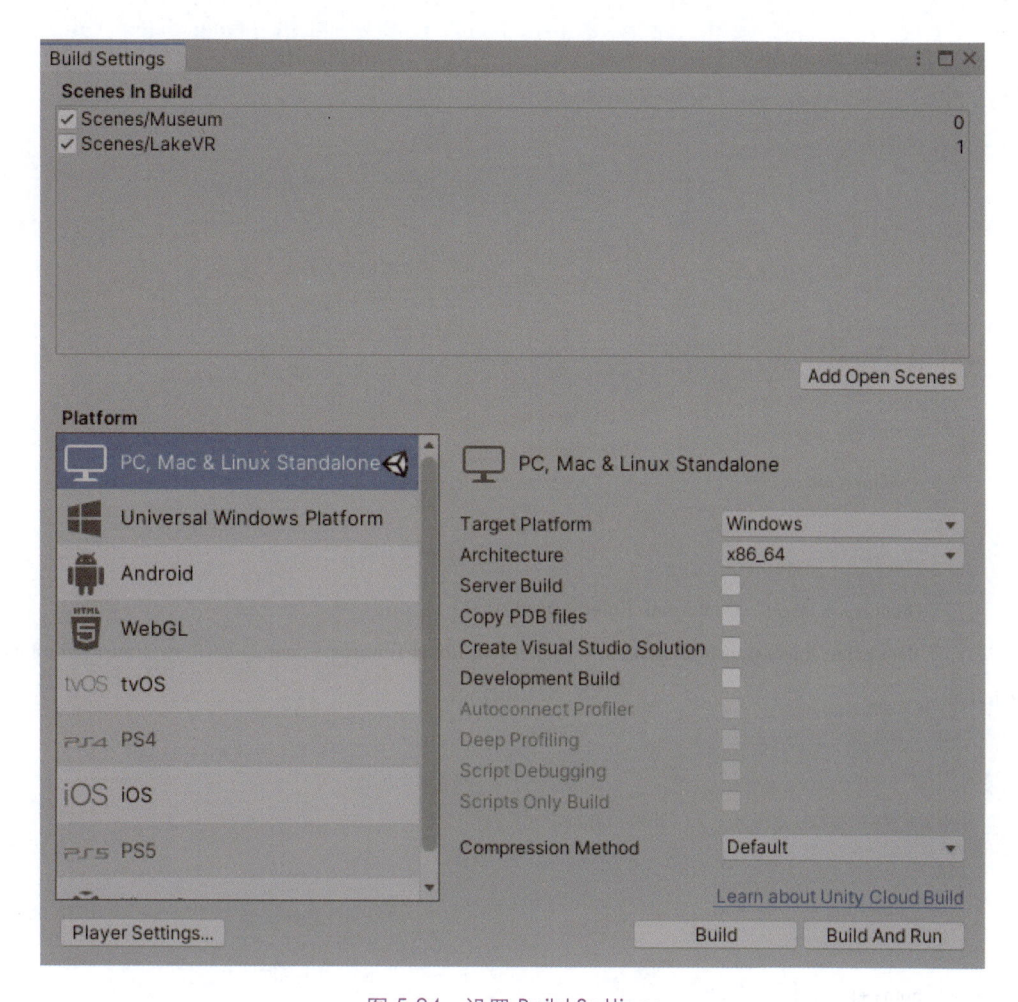

图 5-84 设置 Build Settings

2. Museum 场景的场景跳转控制

步骤❶ 打开 Museum 场景，编辑 PickUp.cs 脚本，实现捡起四个书卷后场景最里面的门能自动打开。

Museum 场景的场景跳转控制（上）

```
using System.Collections;
using System.Collections.Generic;
using UnityEngine;
using UnityEngine.UI;

public class PickUp : MonoBehaviour
{
    public int num=0;
    public AudioClip[] pomeAudio;// 存放诗句
    public AudioSource pomeAudioSource;//AudioSource 组件
    public bool isOpen = false;// 控制是否开门
```

```csharp
public GameObject door;// 门
// Start is called before the first frame update
void Start（）
{

}

// Update is called once per frame
void Update（）
{
    if（isOpen == true）
    {
        // 实现开门动作
        Quaternion target = Quaternion.Euler（0, -120, 0）;
        door.gameObject.transform.rotation = Quaternion.RotateTowards（door.gameObject.transform.rotation, target, 0.5f）;
    }
}
private void OnTriggerEnter（Collider other）
{
    if（other.tag == "book"）// 判断是否碰到书卷
    {
        num++;
        other.gameObject.SetActive（false）;
        if（num == 1）// 第一次碰到书卷
        {
            pomeAudioSource.clip = pomeAudio[0];
            pomeAudioSource.Play（）;
        }
        if（num == 2）// 第二次碰到书卷
        {
            pomeAudioSource.clip = pomeAudio[1];
            pomeAudioSource.Play（）;
        }
        if（num == 3）// 第三次碰到书卷
        {
            pomeAudioSource.clip = pomeAudio[2];
            pomeAudioSource.Play（）;
```

```
        }
        if（num == 4）// 第四次碰到书卷
        {
            pomeAudioSource.clip = pomeAudio[3];
            pomeAudioSource.Play（）;
            isOpen = true;
        }
    }
}
```

步骤❷ 将门添加进来，如图 5-85 所示。

图 5-85　添加门

步骤❸ 在 TourTrigger 下添加一个空物体，命名为 door，如图 5-86 所示。

图 5-86　添加空物体

步骤❹ 将 door 调整到门的位置，为其添加一个 Box Collider 组件，对 Box Collider 组件进行设置，如图 5-87 所示。

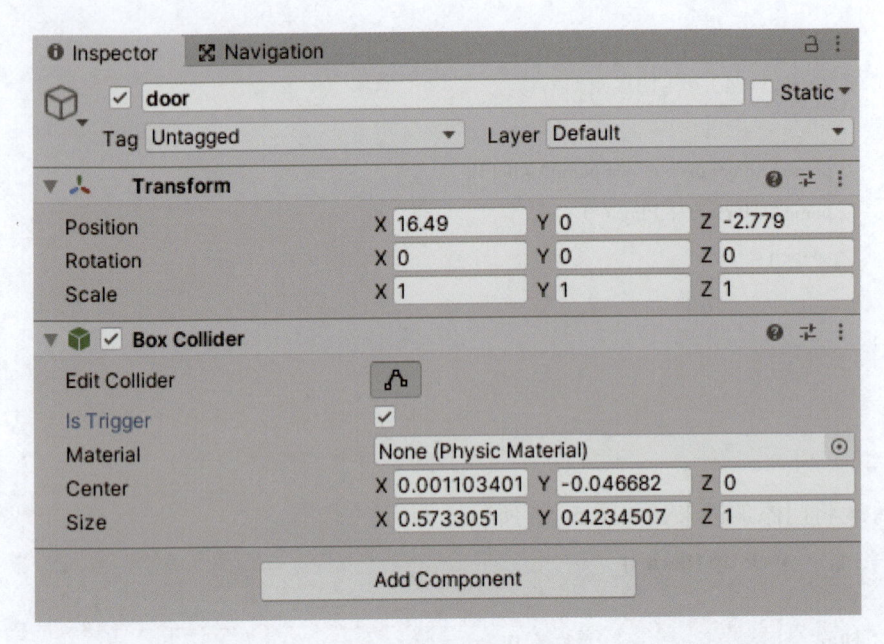

图 5-87 设置 door

步骤❺ 为 door 添加一个名为 door 的 Tag，如图 5-88 所示。

图 5-88 添加 Tag

步骤❻ 在 PickUp.cs 脚本上继续编程，实现场景跳转到 LakeVR。

using System.Collections;

using System.Collections.Generic;

using UnityEngine;

using UnityEngine.UI;

using UnityEngine.SceneManagement;

public class PickUp : MonoBehaviour

{

  public int num=0;

  public AudioClip[] pomeAudio;// 存放诗句

  public AudioSource pomeAudioSource;//AudioSource 组件

  public bool isOpen = false;// 控制是否开门

  public GameObject door;// 门

  // Start is called before the first frame update

  void Start（）

微课

Museum 场景的场景跳转控制（下）

```
        {

        }

        // Update is called once per frame
        void Update（）
        {
            if（isOpen == true）
            {
                //实现开门动作
                Quaternion target = Quaternion.Euler（0, −120, 0）；
                door.gameObject.transform.rotation = Quaternion.RotateTowards（door.gameObject.transform.rotation, target, 0.5f）；
            }
        }
        private void OnTriggerEnter（Collider other）
        {
            if（other.tag == "book"）//判断是否碰到书卷
            {
                num++;
                other.gameObject.SetActive（false）；
                if（num == 1）//第一次碰到书卷
                {
                    pomeAudioSource.clip = pomeAudio[0];
                    pomeAudioSource.Play（）；
                }
                if（num == 2）//第二次碰到书卷
                {
                    pomeAudioSource.clip = pomeAudio[1];
                    pomeAudioSource.Play（）；
                }
                if（num == 3）//第三次碰到书卷
                {
                    pomeAudioSource.clip = pomeAudio[2];
                    pomeAudioSource.Play（）；
                }
                if（num == 4）//第四次碰到书卷
                {
```

```
            pomeAudioSource.clip = pomeAudio[3];
            pomeAudioSource.Play（）;
            isOpen = true;
        }
    }
    if（other.tag == "door"）
    {
        SceneManager.LoadScene（"LakeVR"）;
    }
}
```

步骤❼ 运行整个项目，发现场景跳转到 LakeVR 时，有一部分场景是黑色的，如图 5-89 所示。

图 5-89 运行效果

步骤❽ 给 LakeVR 场景添加 3 个 Directional Light，如图 5-90 所示。

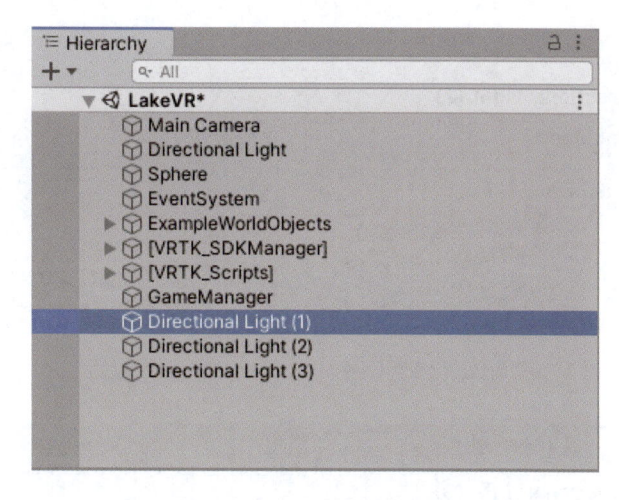

图 5-90 添加三个 Directional Light

步骤❾ 修改 4 个 Directional Light 的参数，使整个场景都被照亮，如图 5-91～图 5-94 所示。

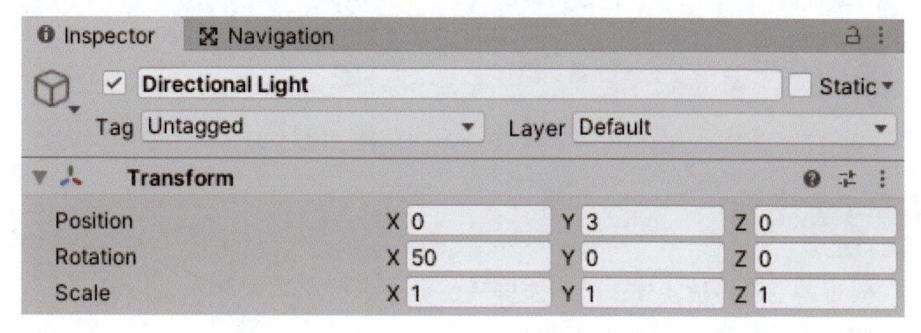

图 5-91 修改 Directional Light 参数

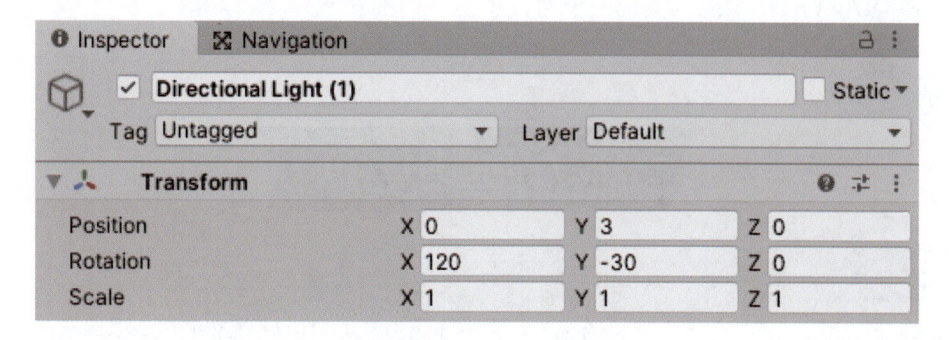

图 5-92 修改 Directional Light（1）参数

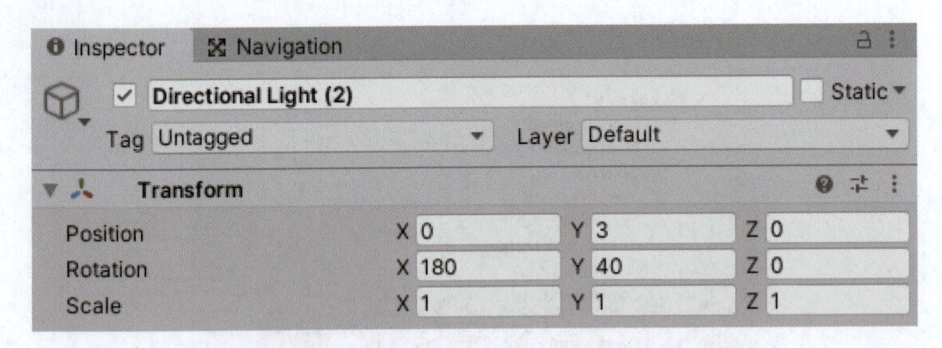

图 5-93 修改 Directional Light（2）参数

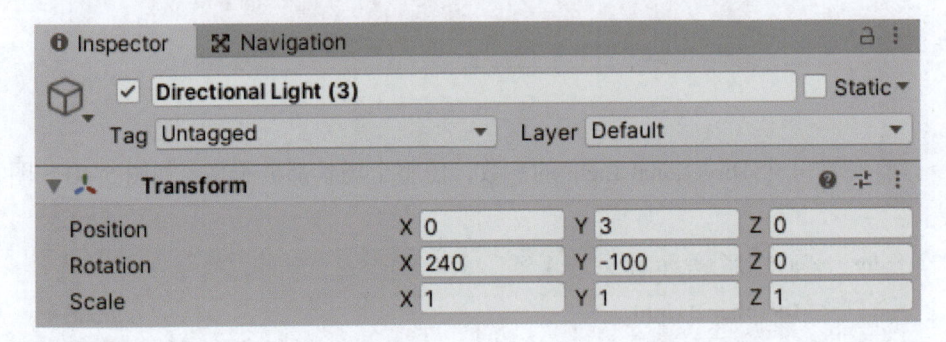

图 5-94 修改 Directional Light（3）参数

拓展

（1）实现若书卷没被找到，门不能打开。
（2）实现项目防穿墙功能。
（3）参考 VRTK 案例，实现一个通过手柄开门的功能。

任务 7　项目打包发布

任务导入

虚拟现实项目开发好后，需要把项目进行打包发布。用户需要一个安装程序，使得项目脱离编程环境也能够独立运行。

任务分析

本任务介绍如何将完成好的 VR 项目打包运行，让用户脱离 Unity 调试环境来运行项目，如图 5-95 所示为打包发布的结果。

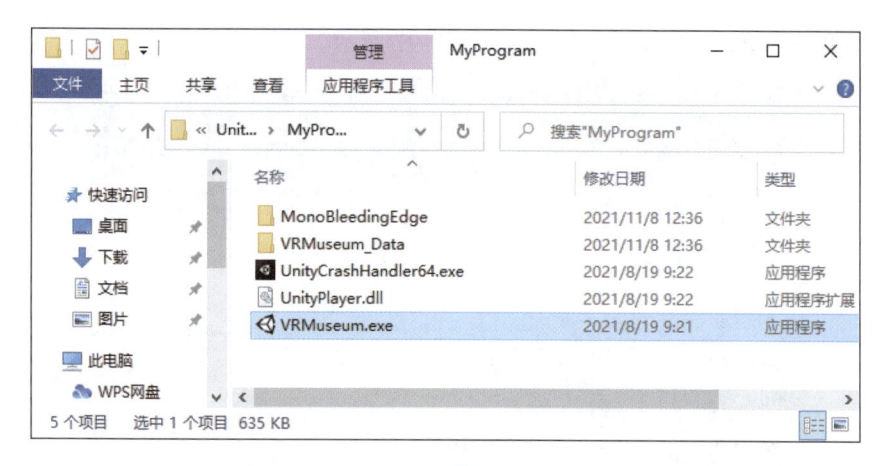

图 5-95 项目打包结果

任务实施

1. 打包发布

步骤❶ 打开 "File" 菜单，选择 "Build Settings"，如图 5-96 所示。

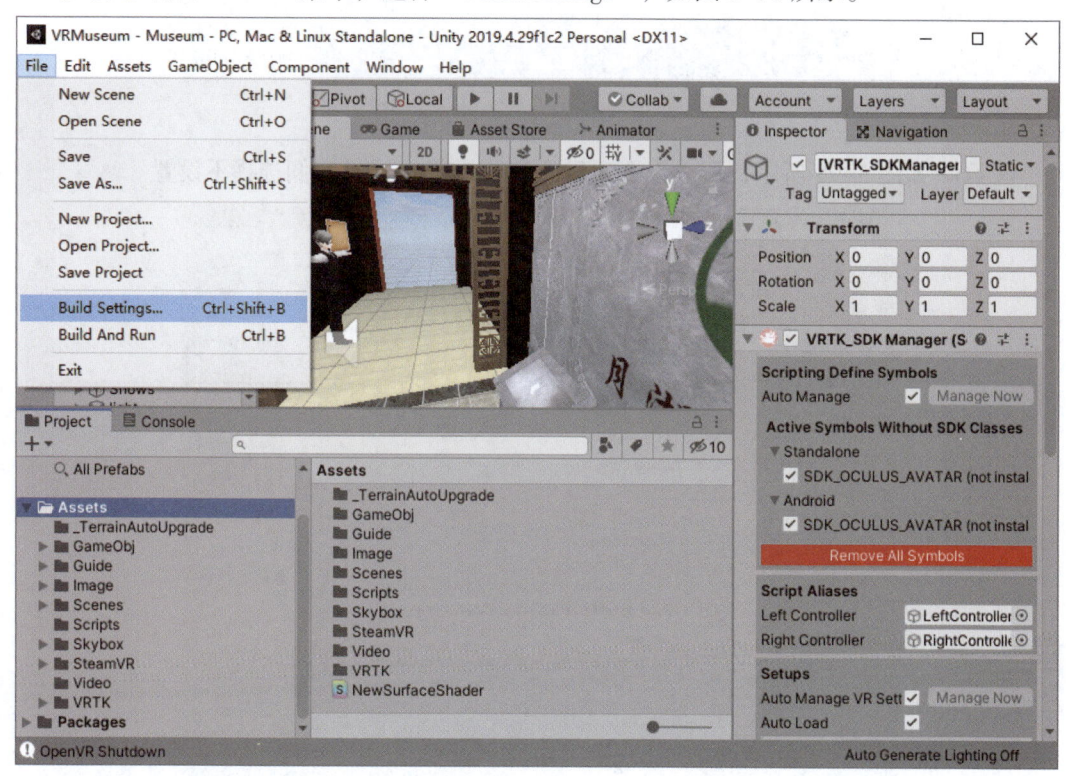

图 5-96 打开 "File" 菜单

步骤❷ 单击"Play Settings"按钮，如图 5-97 所示。

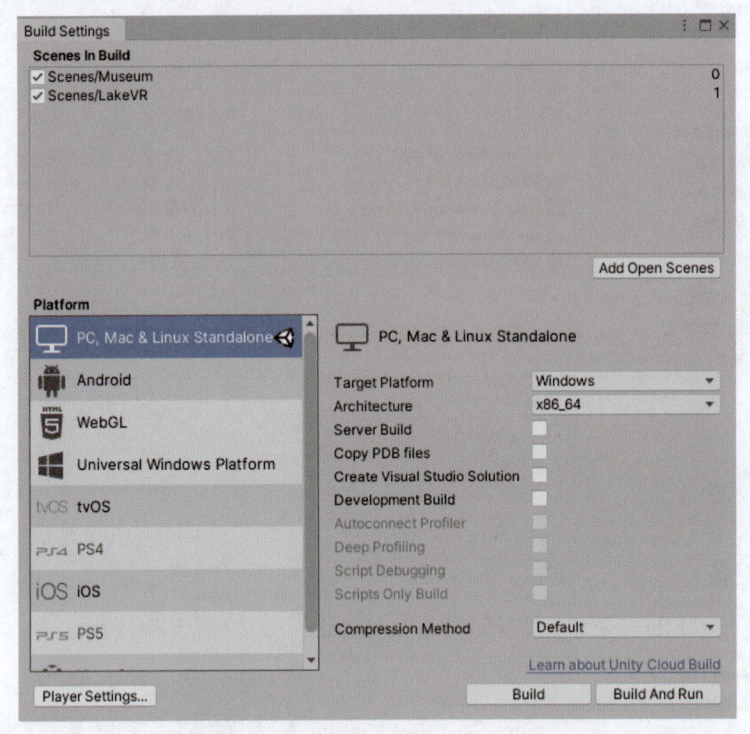

图 5-97　单击"Play Settings"按钮

步骤❸ 如图 5-98 所示，可以设置项目的 icon 图标，这里我们选择不设置。

图 5-98　设置项目的 icon 图标

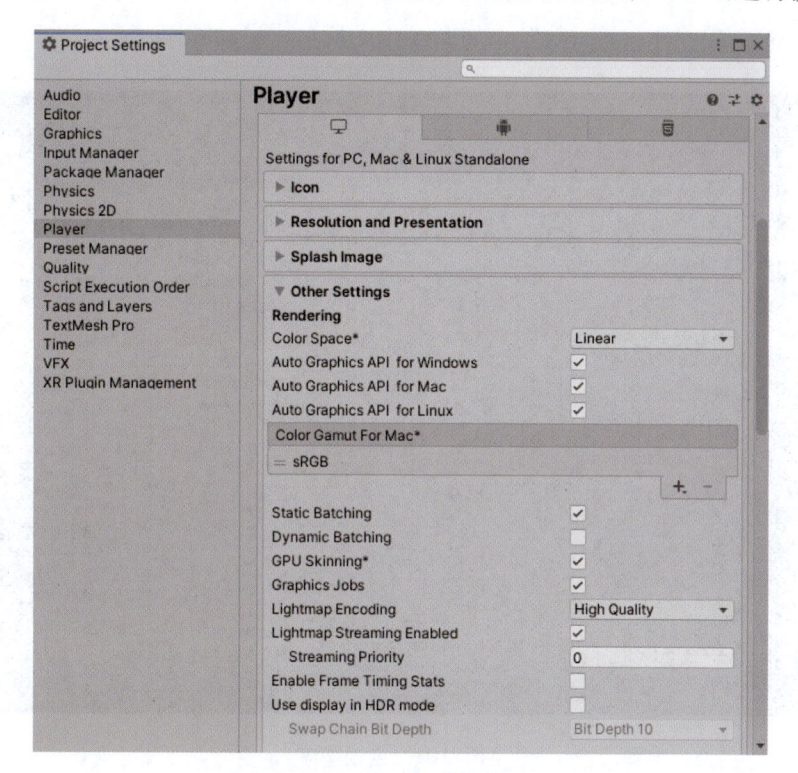

步骤❹ 如图 5-99 所示，可以修改其他参数，如果只是测试，可以不进行修改。

图 5-99　修改其他参数

步骤❺ 在图 5-97 中单击"Build"按钮，选择一个要打包到的文件夹，如图 5-100 所示。打包完成后，如图 5-95 所示，将生成一个可执行文件，用于运行 VR 项目。

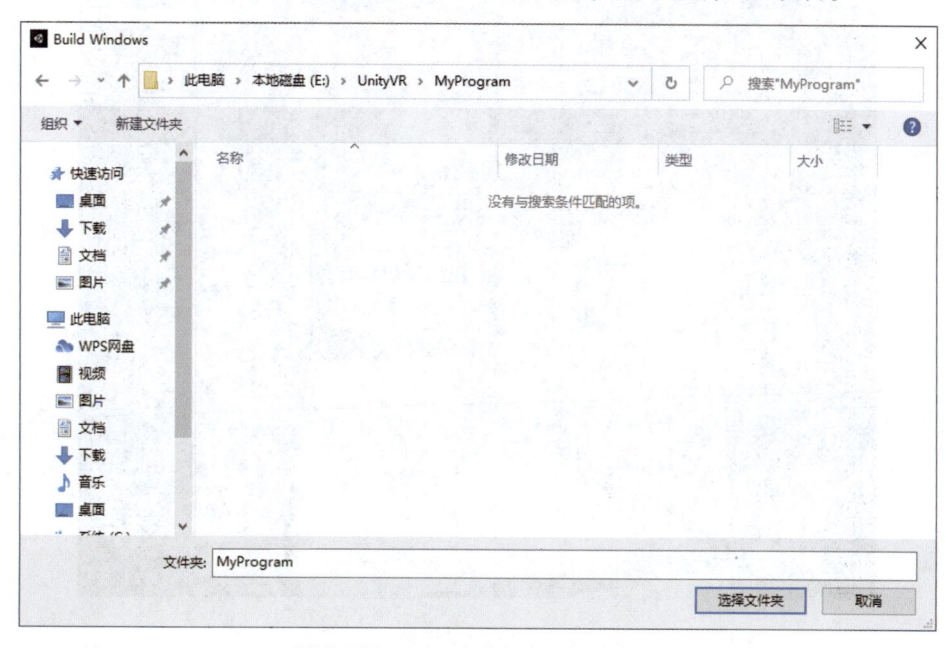

图 5-100　项目生成程序存放文件夹

2. 运行项目

步骤❶ 双击"VRMuseum.exe",如图 5-101 所示,启动程序。

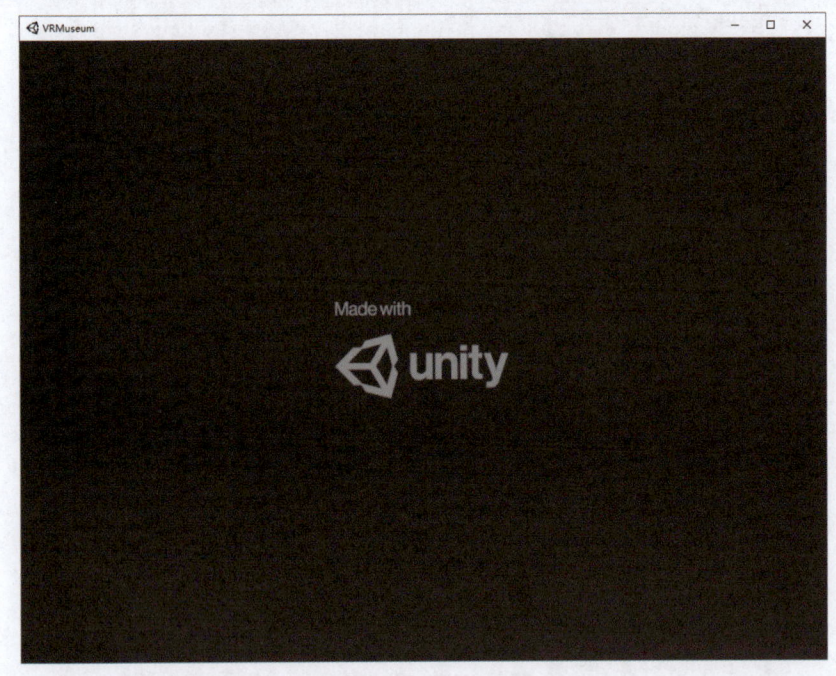

图 5-101　启动程序

步骤❷ 运行项目,如图 5-102 所示。

图 5-102　运行项目

5.4 知识拓展

AVPro Video 是一款强大的跨平台视频播放插件，适用于 Unity，如图 5-103 所示。

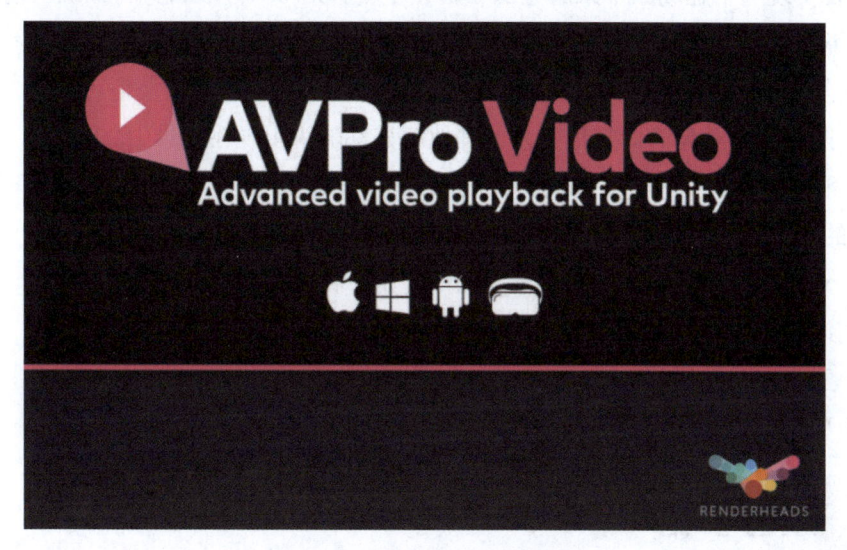

图 5-103　AVPro Video 插件

AVPro Video 的特点主要有以下几点：

1. 兼容性

（1）支持 Unity 2018.x ～ 2021.x 及更高版本。
（2）跨平台的 iOS、tvOS、macOS、Android、Windows、UWP 版本。

2. 便于使用

（1）一个 API 适用于所有支持的平台。
（2）易于使用，拖放组件。
（3）可编写脚本的 API。

3. 强大的功能

（1）播放本地文件、URL 文件和自适应流格式。
（2）VR 支持。
（3）透明度支持。
（4）8K 视频支持（在支持的硬件上）。

5.5 你做我评

我们要实现一个在场景中采蘑菇的项目，主要针对 MyCS 项目进行训练，前面已经把基本的环境搭建好，下面列出一些参考功能需要读者来独立或者组队完成。

（1）从 Unity 资源商店获取蘑菇模型，或者从网络上获取蘑菇模型。

（2）除了 6 个蘑菇有固定地方外，其他蘑菇都随机出现在场景中。

（3）采蘑菇游戏有一定时间限制，采到好的蘑菇将加分，分数到达 100 分即完成游戏，给出胜利的界面；如果时间到，没得到 100 分，则失败。

（4）对蘑菇进行分类，如果玩家采到毒蘑菇，将给出提示，并扣分。

（5）制作游戏加载界面。

（6）实现游戏重玩等功能。

（7）项目打包发布。

5.6 项目小结

本项目通过七个任务，学习了给虚拟现实项目添加背景音乐和视频文件、如何与展品交互、如何与讲解员交互、如何与书卷进行交互、如何创建全景图片浏览场景、如何切换场景以及如何打包发布。本项目包括了虚拟现实项目交互的一部分功能，更多的功能需要读者自己去发掘。

习题

1. 简述几种虚拟现实的交互方式。
2. 简述如何实现讲解员的自动寻路。
3. 从网络上找出一种不同的实现全景图片浏览的方法。
4. 简述 VR 项目打包的流程。

项目 6 参与虚拟现实项目实战训练

6.1 项目描述

通过开发月湖 VR 展馆项目,读者已经具备了开发一个 VR 项目的能力,本项目旨在引导学生独立或者团队开发一个虚拟现实项目,完成实战训练。

知识目标

1. 熟悉虚拟现实项目开发的流程。
2. 熟悉虚拟现实项目开发的方法。

能力目标

1. 会到网络上收集项目开发的资源。
2. 会搭建项目。
3. 会完成项目的各种交互。
4. 会对项目打包发布。

课程思政目标

1. 培养独立思考的能力。
2. 弘扬为社会服务的精神。

6.2 你做我导

题目1 虚拟火灾逃生项目开发

1. 项目参考效果图

本项目主要实现一个虚拟室内火灾逃生，参考效果如图 6-1 所示。

图 6-1 虚拟火灾逃生项目参考效果

2. 项目参考功能

虚拟火灾逃生项目参考功能：
（1）选择室内场景。
（2）能够和灭火器等进行交互。
（3）有瞬移功能。
（4）逃生有时间限制，必须在规定时间内完成才算逃生成功。

3. 项目实施

步骤❶ 到网络上收集与虚拟火灾逃生相关的视频、图片、文字资料。

步骤❷ 收集虚拟火灾逃生项目需要的素材资料，如灭火器模型、房屋模型、室内各种家具的模型等，火的特效。

步骤❸ 搭建场景。

步骤❹ 实现各种交互。

步骤❺ 优化并发布项目。

题目2　虚拟校园项目开发

1. 项目参考效果图

本项目主要实现一个虚拟校园项目，参考效果如图6-2所示。

图6-2　虚拟校园项目参考效果

2. 项目参考功能

虚拟校园项目参考功能：
（1）场景尽量真实。
（2）能够在校园中漫游。
（3）有导游讲解。
（4）能够实现校区导航。

3. 项目实施

步骤❶　到网络上收集与虚拟校园相关的视频、图片、文字资料。
步骤❷　收集虚拟校园项目需要的素材资料，如房屋模型、树模型。
步骤❸　搭建场景。
步骤❹　实现各种交互。
步骤❺　优化并发布项目。

题目 3　虚拟房地产项目开发

1. 项目参考效果图

本项目主要实现一个虚拟房地产的展示功能，参考效果如图 6-3 所示。

图 6-3　虚拟房地产项目参考效果

2. 项目参考功能

虚拟房地产项目参考功能：
（1）场景地图尽量真实。
（2）实现房地产漫游。
（3）实现参观样板房。
（4）实现房产地图导航。

3. 项目实施

步骤❶　到网络上收集与虚拟房地产相关的视频、图片、文字资料。

步骤❷　收集虚拟房地产项目需要的素材资料，如房屋模型、树模型、草地材质图片、样板房场景。

步骤❸　搭建场景。

步骤❹　实现各种交互。

步骤❺　优化并发布项目。

题目 4　虚拟切水果项目开发

1. 项目参考效果图

本项目主要实现一个虚拟切水果功能，参考效果如图 6-4 所示。

图 6-4　虚拟切水果项目参考效果

2. 项目参考功能

虚拟切水果项目参考功能：

（1）场景制作精美。

（2）能够切不同水果。

（3）有计分功能。

（4）游戏设置炸弹，当碰到炸弹时，游戏结束。

3. 项目实施

步骤❶　到网络上收集与虚拟切水果相关的视频、图片、文字资料。

步骤❷　收集虚拟切水果项目需要的素材资料，如刀模型、场景模型、各种水果模型、声音特效。

步骤❸　搭建场景。

步骤❹　实现各种交互。

步骤❺　优化并发布项目。

题目 5　虚拟森林狩猎项目开发

1. 项目参考效果图

本项目主要实现一个虚拟森林狩猎项目,参考效果如图 6-5 所示。

图 6-5　虚拟森林狩猎项目参考效果

2. 项目参考功能

虚拟森林狩猎项目参考功能:

（1）场景制作精美。

（2）动物能够自由活动。

（3）能够实现狩猎功能。

（4）能够实现背包系统功能。

3. 项目实施

步骤❶　到网络上收集与虚拟森林狩猎相关的视频、图片、文字资料。

步骤❷ 收集虚拟森林狩猎项目需要的素材资料，如弓箭或者猎枪模型、树模型、动物模型。

步骤❸ 搭建场景。

步骤❹ 实现各种交互。

步骤❺ 优化并发布项目。

6.3　项目小结

通过独立或者团队完成一个虚拟现实项目，对虚拟现实项目开发的流程进一步熟悉，对开发所需要的技能进一步掌握，有益于今后开发相关项目。

习题

1. 简述虚拟现实项目开发涉及的知识点。
2. 列出几种常见虚拟现实项目中的交互功能。
3. 简述在虚拟现实项目开发中碰到的主要困难。

参考文献

[1] 张克发,赵兴,谢有龙. AR 与 VR 开发实战 [M]. 北京:机械工业出版社,2016.

[2] 冀盼. VR 开发实战 [M]. 北京:电子工业出版社,2016.

[3] 胡良云. HTC Vive VR 游戏开发实战 [M]. 北京:清华大学出版社,2017.

[4] 邵伟,李晔. Unity VR 虚拟现实完全自学手册 [M]. 北京:电子工业出版社,2019.

[5] 谭恒松. 虚拟现实项目实战教程 [M]. 北京:电子工业出版社,2020.